L'impact de la Qualité du Combustible sur le Fonctionnement des Moteurs W20V32

A la Centrale Electrique de Farchan/N'Djamena

Franklin Djeguelbe

Bibliographic information published by the German National Library:

The German National Library lists this publication in the National Bibliography; detailed bibliographic data are available on the Internet at http://dnb.dnb.de.

ISBN: 9783346580825
This book is also available as an ebook.

Nymphenburger Straße 86
80636 München

Print and binding: Books on Demand GmbH, Norderstedt, Germany
Printed on acid-free paper from responsible sources.

Dédicace

A

➡ *Toute la famille Mianbé Jaïrus et Larndogonodji Marie*

➡ *Ma tendre épouse Kodongo Séphora Audrey*

REMERCIEMENTS

« La fin d'une chose vaut mieux que son commencement » dixit Proverbe. Après deux (2) ans de formation professionnelle en Sciences de l'Ingénieur, nous voici à la fin et voulons saisir cette opportunité pour remercier d'abord le Seigneur qui a rendu possible cette étape jusqu'à la rédaction de ce mémoire de fin de formation.

Mes remerciements s'adressent aux plus hauts responsables de l'Université de Dschang, particulièrement Monsieur le Doyen de la Faculté des Sciences **Pr. NGAMENI Emmanuel**, Monsieur le Chef de Département des Sciences de la Terre **Pr. KENGNI Lucas** et Monsieur le Coordonnateur du Master en Sciences de l'Ingénieur, **Pr. KAGOU DONGMO Armand** qui ont contribué de façon particulière à notre formation.

Ce travail a bénéficié d'une expertise particulière du **Pr. TEPONNO Rémy Bertrand** mon encadreur académique. Qu'il reçoit ici mes remerciements et ma déférente gratitude pour sa disponibilité, sa rigueur et surtout sa touche particulière dans cette œuvre. Aussi, je voudrais dire merci à tous les enseignants du Département des Sciences de la Terre et du Département de Chimie de l'Université de Dschang.

Je voudrais sincèrement remercier la hiérarchie de la Société Nationale d'Electricité (SNE) du Tchad à savoir Messieurs le Directeur Général et celui des Ressources Humaines qui ont agréé ma demande me permettant d'effectuer le stage professionnel dans des bonnes conditions. C'est un honneur d'adresser aussi mes remerciements les plus sincères à **M. METHONE Hermann**, Chef de Service d'Exploitation de la Centrale de Farcha et **M. ALLA-ASRA Ngaro** qui, malgré leurs nombreuses occupations ont accepté d'être mes encadreurs professionnels.

Mes remerciements particuliers à mon papa et ma maman ainsi qu'à mes frères et sœurs : **NERAMBAYE Gisele**, **DJIKOLOUM Parfait**, **MERO Stany**, **MBAÏRAMADJI Christian**, **MBAÏGOLMEM Arnaud** et **NEMADJIASDENEGOTO Majoie**. Qu'il me soit permis de dire ma profonde reconnaissance à ma chère épouse **KODONGO Séphora Audrey** pour son appui multiforme à ce travail.

Je tiens à remercier toute l'Aumônerie Protestante Universitaire de Dschang (APUDs) et en particulier : l'Aumônier **Rév. Dr. NOUBOUDEM Jean Claude**, **MVONDO David**,

TEGANG Alain, et **CHETUE Komguep Manuela**. Mon cœur est dans la joie pour les appuis et soutiens de la Chorale de la Communauté Tchadienne (**CCT**) dont je suis le Responsable, bref mes remerciements à toute la grande communauté estudiantine tchadienne à l'Université de Dschang pour les conseils et les apports multiformes. Merci aussi à la Chorale les Joyeux Serviteurs (**JS**) de l'**EET N°2** de N'Djaména pour les contributions à différents niveaux.

A tous mes amis qui ont contribué à ce travail :
Mes amis des filières Mines/Pétrole et Géologie Appliquée de la Septième Promotion. Mes remerciements s'adressent aussi à : **ODILON Alladoum, AMOLA Adoum Liouna, ALLARAMADJI Ngarmadji Constant, MBOULAMA Joseph, MBAÏAREM Urbain, MEUDJE NJOYA Joël** et **WANGA Pirkolossou Arsène.**

Pour finir, je remercie toutes les personnes qui m'ont soutenu de près ou de loin le long de ces deux années d'études jusqu'à l'aboutissement de ce mémoire.

SOMMAIRE

LISTE DES FIGURES

LISTE DES TABLEAUX

LISTE DES ABREVIATIONS

AFD : Agence Française de Développement
ASTM : *American Standards of Technical Material*
BID : Banque Islamique de Développement
BT : Basse tension
CCCE : Caisse Centrale de Coopération Economique
CNPCI : *China National Petroleum Corporation International Ltd*
CS_P : Consommation Spécifique
cSt : Centistokes
EPI : Equipement de Protection Individuelle
F_{ch} : Facteur de Charge
G1 : Générateur 1 (moteur 1)
G7 : Générateur 7 (moteur 7)
HFO : *Hight Fuel Oil*
HSE : Hygiène-Sécurité-Environnement
HT: Haute tension
IC: Indice de cétane
ISO : *International Standard Organization*
Kep : Kilo équivalent pétrole
Kg/L : Kilogramme/Litre
kWh : Kilo Watt heure
LFO : *Light Fuel Oil*
m/s : Mètre/seconde
mm^2/s : Millimètre carré/seconde
MT : Moyenne Tension
MW: Mega Watts
P°max : Pression maximale
PCIm : Pouvoir Calorifique Inférieur massique
PCIv : Pouvoir Calorifique Inférieur volumique
PMB : Point Mort Bas
Pme : Pression moyenne effective
PMH : Point Mort Haut

RGPH2 : Recensement Général de la Population et de l'Habitat, 2e édition

SEEE : Société Equatoriale d'Energie Electrique

SFC : *Specific Fuel Consumption*

SHT : Société des Hydrocarbures du Tchad

SNRP2 : Stratégie Nationale de Réduction de la Pauvreté, 2e génération

SNE : Société Nationale d'Electricité

SRN : Société de Raffinage de N'Djaména

STEE : Société Tchadienne d'eau et d'Electricité

TGR : Taux de Rendement Général

tr/min : tour/minute

W : watt

W20V32 : Wärtsilä 20 Cylindres en V de 320 mm de diamètre

WISE : *Wärtsilä Information System Environment*

WOIS : *Wärtsilä Operator's Interface System*

RESUME

Située à la latitude 12°8' Nord et à la longitude 15°2' Est, la Ville de N'Djaména, capitale et plus grande ville du Tchad est alimentée en électricité par la Société Nationale d'Electricité (SNE) qui utilise le gasoil comme combustible. Ce travail est focalisé sur l'étude évaluative de l'impact de la qualité du combustible sur les moteurs W20V32 utilisés par la centrale électrique de Farcha.

L'échantillonnage portait sur deux générateurs à savoir le G1 et G7 dont les parties qui font l'objet de cette étude sont : le séparateur qui constitue le système de traitement, les systèmes d'alimentation et de circulation du carburant, le filtre combustible, les pompes d'injection, les injecteurs et la chambre de combustion. Pour atteindre nos objectifs, les méthodes de séparation (centrifugation), de caractérisation, d'injection et de combustion ont été mises en œuvre. Les résultats obtenus grâce à ces méthodes ci-haut sont économiquement et techniquement rentables, raison pour laquelle, il faut valoriser ces méthodes. Techniquement, sur **81 MW** installées, seulement **67 MW** sinon moins sont fournies par la centrale électrique de Farcha aux usagers. Les pannes récurrentes des moteurs poussent cette entreprise à ne pas satisfaire tous les quartiers de la capitale les amenant à utiliser d'autres sources pour s'électrifier. Le gasoil fournit par la Société de Raffinage de N'Djaména à la centrale n'est pas totalement exempte des impuretés et autres contaminants lorsque nous comparons les caractéristiques. La plus grande difficulté est que la centrale ne dispose pas d'un laboratoire pour une vérification des paramètres issus de la SRN avant utilisation. Le moteur G1 consomme une quantité de **220,90 g/kWh** de LFO dû à l'usure avancée des pompes et injecteurs et le non-respect des marges de maintenance tandis que le G7 révisé juste au début de cette étude consomme **205,70 g/kWh** de LFO qui respecte la valeur maximale fixée. En ce qui concerne le niveau d'exploitation maximale des moteurs, le G1 est moins exploité avec **74,66%** tandis que le G7 réalise une charge acceptable de **80 %** rentable techniquement

Economiquement, la méthode de séparation permet à la société d'augmenter un revenu de **400 444 044 FCFA** soit **695 215 $** ou encore **608 577 €** en trois mois.

Les méthodes de séparation, de caractérisation et d'injection du LFO permettent de préserver l'environnement par la réutilisation du combustible contaminé qui passe par la centrifugeuse.

Mots clés : Combustion ; Impact ; Qualité ; Séparation, injection ; Gasoil ; W20V32.

ABSTRACT

Located at latitude 12°8 North and longitude 15°2 East, the city of N'Djaména, the capital and largest city in Chad, is supplied with electricity by the National Electricity Company (SNE), which uses diesel as fuel. This work is focused on assessing the impact of fuel quality on the W20V32 engines used by the Farcha power plant.

The sampling covered two generators, namely the G1 and G7, whose parts that are the subject of this study are: the separator that constitutes the process system, the fuel supply and circulation systems, the fuel filter, the injection pumps and injectors and the combustion chamber. To achieve our objectives, the methods of separation (centrifugation), characterization, injection and combustion were implemented.

The results obtained with these methods are economically and technically profitable, which is why these methods must be valorized. Technically, out of **81 MW** installed, only **67 MW** or less are supplied by the Farcha Power Plant to the users. Recurrent engine failures mean that the company does not satisfy all the districts of the capital, leading them to use other sources for electrification. The diesel oil supplied by the N'Djamena Refining Company to the power station is not totally free of impurities and other contaminants when we compare the characteristics. The biggest difficulty is that the power plant does not have a laboratory for checking the parameters from the SRN before use. The G1 engine consumes a considerable amount of **220.90 g/kWh** of LFO due to the advanced wear of the pumps and injectors and the failure to respect maintenance margins, while the G7 engine overhauled just at the beginning of this study consumes **205.70 g/kWh** of LFO which respects the maximum value. About the maximum operating level of the engines, the G1 is less exploited with **74.66%** while the G7 achieves an acceptable load of **80%** that is technically profitable.

Economically, the separation method allows the company to increase a revenue of **FCFA 400,444,044 or $695,215 or €608,577** in three months.

The methods of separation, characterization and injection of the LFO allow to preserve the environment by separator reusing the contaminated fuel.

Keywords: Combustion; Impact; Quality; Separation, injection; Gasoil; W20V32.

INTRODUCTION GENERALE

Le bilan énergétique du Tchad montre l'état de sous-développement du pays en matière de consommation de l'énergie, ceci en quantité comme en qualité. Le pays s'est engagé sur la voie de la modernisation de ses infrastructures afin d'améliorer les conditions d'accès de sa population à l'énergie. La consommation énergétique est passée de 200 kep en 1993 à 240 kep en 2002 puis à 292 kep en 2005. Les combustibles ligneux (bois et charbon) représentent encore 90% de la consommation d'énergie, contre seulement 10% pour les énergies conventionnelles (produits pétroliers et électricité). Les ménages cuisinent principalement à l'aide des combustibles ligneux (88%) et s'éclairent majoritairement au moyen de lampes à pétrole (69% des ménages) (RIAED, 2007). De tout ce qui précède, la Société Nationale d'Electricité (SNE) est le principal opérateur public de ce secteur qui assure la production et la distribution de l'électricité dans les principales villes du pays. Le parc de production électrique se compose de centrales alimentées uniquement en gasoil.

Le terme « combustible » englobe de nombreuses substances capables de brûler en vue de produire de la chaleur, de la lumière ou de la force motrice. Elles permettent d'alimenter notamment les chaudières, les centrales thermiques ou les moteurs thermiques (Boust et Lebreton, 2019). Ces moteurs peuvent être impactés par la qualité du combustible d'où la nécessité de notre étude. Les moteurs thermiques Diesel puisent leur énergie primaire à partir des combustibles issus des hydrocarbures. Chaque fabricant fixe les caractéristiques requises par les combustibles pour un fonctionnement optimal de sa machine. Ainsi, les raffineries respectent scrupuleusement les proportions des additifs dans le carburant en le traitant de façon à pouvoir satisfaire aux exigences des consommateurs. Malgré cela, dans certaines installations industrielles, il est installé des unités de traitement supplémentaires qui permettent de maintenir le combustible dans un niveau de qualité acceptable pour le fonctionnement des machines. C'est le cas de la centrale électrique de Farcha/N'Djaména qui exploite les moteurs W20V32 fonctionnant au gasoil. Avant d'être envoyé vers le moteur, le gasoil passe d'abord par une unité de traitement appelée séparateur. En cas de panne du séparateur et lorsque le moteur consomme directement le gasoil non traité, cela peut impacter négativement certains organes du moteur. À cet effet :

- Quelles sont les fréquences des pannes de ces moteurs thermiques ?
- Quels sont les différents organes qui peuvent être affectés par la qualité du gasoil fourni par la Société de Raffinage de N'Djaména (SRN) ?
- Quelles sont les caractéristiques dudit combustible ?

- Les séparateurs jouent-ils leurs rôles ?
- Quelle évaluation faut-il faire sur le circuit combustible et les pertes qui en découlent, comment remédier ?

Notre travail a pour principal objectif de faire une étude évaluative de l'impact de la qualité du combustible (gasoil) sur le fonctionnement des moteurs W20V32 de la centrale électrique de Farcha au Tchad.

Il est spécifiquement question pour nous :

- d'étudier le circuit combustible depuis le dépotage jusqu'à l'entrée dans la chambre de combustion des moteurs ;
- de faire la comparaison des caractéristiques du fournisseur (raffinerie) et celui du constructeur ;
- d'identifier tous les éléments du moteur qui peuvent être impactés par la qualité du combustible ;
- enfin, faire une évaluation technique et économique du fonctionnement des moteurs avec le LFO traité et non traité.

Ces objectifs nous ont permis de formuler quelques hypothèses ci-après :

- Le combustible utilisé par la centrale pourrait-il contenir des impuretés ou de l'eau qui affecteront les moteurs ?
- La mise en marche des séparateurs améliorerait la qualité du carburant qui aurait un effet positif sur le rendement des moteurs ?

Le but de cette étude est d'améliorer la qualité du combustible qu'utilisent les moteurs de la centrale de Farcha afin d'accroître le rendement de l'entreprise.

Pour atteindre les objectifs fixés, le travail est subdivisé en quatre (4) chapitres précédés d'une introduction générale :

- le premier chapitre traitera les généralités sur l'entreprise d'accueil, la zone d'étude et une revue de la littérature sur les moteurs Diesel et particulièrement les moteurs W20V32 ;
- le deuxième chapitre traitera les matériels et la méthode utilisés sur le terrain pour l'atteinte des objectifs ;
- le troisième chapitre exposera les résultats obtenus ;
- au quatrième chapitre, il sera question de l'interprétation des résultats suivie d'une discussion.

En fin, nous tirerons une conclusion générale bouclée par les recommandations.

CHAPITRE I : GENERALITES

La Société Nationale d'Electricité (SNE) est une société tchadienne qui a pour capital 1 000 000 000 FCFA. Chargée de la production et de la distribution de l'électricité, cette société compte à ce jour plusieurs centrales implantées dans les différentes villes du Tchad parmi lesquelles la centrale de Farcha située à N'Djaména où s'est déroulé cette étude. Dans ce chapitre, nous allons présenter l'entreprise d'accueil, la zone d'étude, enfin une revue de la littérature sur le moteur Diesel et le combustible (gasoil).

I.1 PRÉSENTATION DE L'ENTREPRISE D'ACCUEIL

I.1.1. Historique de la société

Avant de décrocher son sigle SNE, la société a connu plusieurs mutations. Elle a pris sa source dans la société d'énergie du Congo qui est devenue Société Equatoriale d'Energie Electrique (SEEE) en 1957. A la dislocation de la SEEE en 1968, la Société Tchadienne d'Eau et d'Electricité (STEE) a vu le jour et cette dernière était une société d'économie mixte dont le capital était détenu à 60% par l'État tchadien et 40% par la Caisse Centrale de Coopération Economique (CCCE), ancêtre de l'actuelle Agence Française de Développement (AFD). La STEE avait pour objectif la production, le transport et la distribution de l'électricité et de l'eau à N'Djaména, activité qu'elle exerçait dans le cadre d'un contrat de concession passé avec l'État tchadien. Face aux difficultés éprouvées par les structures de l'Etat pour la gestion de l'électricité et de l'eau dans les autres villes du Tchad, la gestion a été étendue à Abéché, Moundou, Sarh, Mao, Moussoro, Bongor, Kélo, Doba et Fianga. Il fut décidé en 1979 la création de la Société Tchadienne d'Energie Electrique (STEE). En novembre 1983, elle redevient la Société Tchadienne d'Eau et d'Electricité avec un capital détenu à 81,28% par l'État et 18,78% par la Caisse Centrale de Coopération Economique (CCCE) (Nguézoumka, 2010).

Des difficultés techniques et financières rencontrées lors de la guerre civile de 1979 étaient à l'origine des multiples tentatives de redressement. Ces tentatives ne permirent malheureusement pas à ladite société de retrouver son équilibre financier et c'est ainsi que l'État a décidé de se désengager du secteur. Des consultations internationales furent lancées dès 1996 et celles-ci ont abouti en 2000 au choix d'un opérateur privé avec la signature d'une nouvelle convention de concession qui était de courte durée. Entre-temps la CCCE avait cédé la totalité de ses parts à l'État tchadien qui devient ainsi l'actionnaire unique et propriétaire de la STEE. Avec l'appui financier de la Banque Islamique de Développement (BID), un processus de redressement est mis en place. D'importants investissements ont été faits et des subventions d'exploitation ont été accordées pour assurer un bon service public et une gestion saine. Ce processus de redressement a abouti à la création de deux sociétés autonomes à la place de la

STEE en mai 2010 : la Société Tchadienne d'Eau (STE) et la Société Nationale d'Electricité (SNE) qui compte quatre (4) centrales à savoir : Farcha, Djambalbar, AGGREKO et V-Power qui sont connectées en parallèle sur un même réseau de distribution électrique comme indiqué à l'**Annexe 2** (Nguézoumka, 2010).

Compte tenu des objectifs découlant de notre thématique, nous allons nous intéresser particulièrement à la Centrale de Farcha.

I.1.2. Organisation de la centrale de Farcha

La centrale de Farcha est sous la tutelle de la direction de production, coordonnée par le Chef de la centrale. Elle est constituée de différents services : service d'exploitation, service de maintenance mécanique, service de maintenance électrique et la section d'hygiène sécurité et environnement (**Annexe 1**).

I.2. PRESENTATION DE LA CENTRALE

La centrale de Farcha est une centrale thermique qui utilise le fuel léger comme combustible. Elle est divisée en deux (2) dans un même site selon le tableau 1 ci-dessous. Ces deux centrales sont connectées en parallèle entre elles et entre celles de Djambalbar, V-POWER et AGGREKO. La répartition des puissances de la centrale de Farcha est résumée dans le tableau 1 en fonction de différentes caractéristiques.

Tableau 1: Répartition des puissances dans les deux centrales de Farcha (Source : Direction de production de la centrale de Farcha)

Désignation	Nombre des moteurs	Type de moteurs	Types d'alternateurs	Puissance installée	Puissance disponible	Années d'installation
Farcha I	3	W18V32	ABK DIG 171 N/8	21 MW	7MW	2006
Farcha II	7	W20V32	AMG 1120MR08 DES	60 MW	60MW	2012
Total	**10**			**81 MW**	**67 MW**	

Cette partie nous a permis de présenter l'historique de la création de la SNE et ses différentes mutations. La prochaine partie traitera la zone d'étude.

I.3. PRESENTATION DE LA ZONE D'ETUDE

Notre zone d'étude qui est Farcha/N'Djaména (figure 1) est située au Centre-Ouest du pays, au confluent du fleuve Chari et de la rivière Logone, sur la rive droite du Chari. Deux ponts relient

N'Djaména à la rive gauche du Chari : un à voie unique (le pont de Chagoua), et l'autre à double voie (le pont de Taiwan). La ville camerounaise Kousséri est située à environ dix kilomètres de N'Djaména, sur la rive gauche de la rivière Logone, qui marque la frontière et qui est accessible par le pont de N'gueli (Alain, 2006).

N'Djaména se situe à une centaine de kilomètres, à vol d'oiseau, au sud du lac Tchad. Bien qu'excentré, il est le principal nœud de communication du Tchad, situé à 450 km de la seconde ville du pays Moundou, et à 750 km d'Abéché, la plus grande ville de l'Est du Tchad (Alain, 2006).

La ville de N'Djaména compte actuellement dix arrondissements comprenant 64 quartiers, avec une population totale estimée à 993 492 habitants soit près de 8,9% de la population totale du pays (RGPH2, 2009). On y distingue le centre-ville, composé des anciens quartiers, et la zone périphérique avec de nouveaux quartiers.

- **Le centre-ville :**

Le centre-ville comprend les quartiers qui se situent dans les 2e, 3e, 4e, 5e et 6e arrondissements, ainsi qu'une partie du 1er arrondissement. Ces quartiers englobent la zone résidentielle, la plupart des bâtiments administratifs, le centre d'affaires, ainsi que les installations industrielles. Certains de ces quartiers (*Béguinage, Klemat, Djambal-Barh*, une partie de Farcha…) regroupent les habitations de bon standing de la ville, notamment de somptueuses villas abritant les expatriés, ainsi que les grands hôtels et installations industrielles. À côté de ces villas, on retrouve des habitations de niveau moyen, mais aussi des constructions en banco dans certains quartiers comme *Gardolé, Ambassatna, Sabangali, Moursal, Ridina, Kabalaï, Ardep djoumal,* etc. (Arditi, 1994).

- **La zone périphérique :**

Les quartiers périphériques se situent dans les 7e, 8e, 9e, 10e arrondissements et dans une partie du 1er arrondissement. Il s'agit en général de nouveaux quartiers qui se sont développés anarchiquement, sans plan de lotissement préalable. C'est à partir des années 1990 que l'État y a entrepris les travaux de viabilisation ayant entraîné la destruction massive des maisons construites çà et là. En effet, on constate que quelques bâtiments solides et villas apparaissent petit à petit dans cette zone, notamment dans les quartiers *N'Djari, Amtoukouin, Diguel, Gassi*, etc.

Contrairement au centre-ville, le réseau d'eau potable et d'électricité est très faible dans la zone périphérique. Il est même inexistant dans certains quartiers, ce qui amène une vaste majorité de la population à utiliser les groupes électrogènes ou des équipements solaires. Dans la majorité des cas, les rues, si elles existent, ne sont pas revêtues. Il n'y a aucun système de canalisation, ce qui entraîne des inondations à chaque période hivernale (FAO, 2012).

I.3.1 Relief et hydrographie :

Le relief de la zone d'étude est dans son ensemble légèrement plat. Il s'agit d'un ensemble de plaines inondables et exondées issues du quaternaire récent, s'étendant de part et d'autre du fleuve Chari. On y trouve des bas-fonds ou de faibles dépressions accumulant les eaux de pluie pendant la période d'hivernage et le début de la saison sèche.

Le réseau hydrographique est constitué principalement de deux fleuves : le Logone et le Chari avec leurs bras, dont *Ngourkoula* dans le canton *Mandiago* et la *Linia* à l'Est de N'Djaména. La commune de N'Djaména est traversée par deux marigots importants :

- le marigot d'*Am-Riguebé*, de 2 km de long, constitue un bassin de rétention qui collecte les eaux de pluie des quartiers *Am-Riguébé*, Repos, Sénégalais et *Diguel*;
- le marigot des jardiniers, long de 2,5 km, dispose d'un accès direct au Chari grâce à un exutoire artificiel (fossé en terre) ouvert pour drainer les eaux de pluie des quartiers environnants vers le fleuve (FAO, 2012).

I.3.2 Le climat :

La zone d'étude bénéficie d'un climat tropical sec qui a évolué du type soudano-sahélien entre 1951 et 1967 vers le type sahélien. Elle connaît deux saisons, dont une longue saison sèche (7-8 mois, de novembre à mai) et une courte saison humide (3-5 mois, de mai à octobre).

Au cours de l'année, les vents sont issus du déplacement de la zone de convergence intertropicale, qui sépare les masses d'air maritime humide (la mousson) des masses d'air continental sec (l'harmattan). La mousson, propulsée vers le nord par l'alizé austral, atteint la latitude de N'Djaména au mois de mai. Pendant toute la période sèche où dominent les hautes pressions continentales (novembre-avril), l'harmattan qui vient du nord, souffle avec violence, soulevant des nuages de poussière. Pendant cette période, l'hygrométrie est très basse et l'évaporation très intense. Les précipitations pluviométriques oscillent entre 400 et 700 mm/an sous forme d'averses plus ou moins violentes. Ces dernières années, elles se concentrent sur trois mois (juillet-septembre). Il n'est pas exceptionnel qu'un dixième des précipitations annuelles tombe en un seul jour, inondant la quasi-totalité du périmètre urbain pendant plusieurs jours. Les températures observées à N'Djaména sont comprises entre 20°C et 45°C en saison sèche et entre 18°C et 30°C en saison des pluies (FAO, 2012).

I.3.3 L'énergie domestique :

Les ménages de la ville de N'Djaména utilisent quatre types de combustibles qui sont : le charbon, le bois de chauffe, le gaz (butane) et le pétrole. Cependant, la disponibilité et l'utilisation varient d'un combustible à un autre depuis une décennie comme indique le tableau *2* ci-après.

Tableau 2: Taux d'utilisation des principaux combustibles par les ménages à N'Djaména (Source : projet FUPU et projet SISA/SAP, 2010)

Combustibles	**Proportion des ménages**	
	Avant 2008	**2010**
Charbon	80 %	13 %
Bois	57 %	79 %
Gaz	12 %	19 %
Pétrole	19 %	25 %

I.4 REVUE DE LA LITTÉRATURE

I.4.1 Généralités sur le moteur Diesel

C'est en 1892 que Rudolf Diesel a créé le moteur Diesel à quatre temps. Le moteur Diesel est un moteur à combustion interne dont l'allumage n'est pas commandé, mais spontané par un phénomène d'auto-allumage ou auto-inflammation (Nahim, 2016).

Les moteurs Diesel sont souvent classés par leur vitesse de rotation. En effet, plus le moteur est gros, plus la course du piston est grande, et plus le moteur est lent. Il existe trois classes de moteurs Diesel, les premiers moteurs sont des moteurs lents (vitesse de rotation < 300 tr/min) tandis que les seconds sont des moteurs semi rapides (300 tr/min < vitesse de rotation <1000 tr/min) et enfin les moteurs qui sont rapides (vitesse de rotation > 1000 tr/min). Les moteurs semi rapides et rapides sont principalement des moteurs à quatre temps, et les moteurs lents sont des moteurs à deux temps (Mohamed, 2017).

I.4.1.1 Fonctionnement du moteur Diesel

Dans un moteur Diesel, l'allumage est obtenu par une auto-inflammation du carburant suite à l'échauffement de l'air sous l'effet de la compression. Un rapport de compression normal est de l'ordre de 14 à 25. Un tel taux de compression amène la température de l'air dans le cylindre de 700 à 900°C. Cette température étant celle de l'auto-inflammation du mazout, celuici s'enflamme spontanément au contact de l'air, sans qu'il y ait besoin d'une étincelle, et, par conséquent, sans système d'allumage (Mohamed, 2017).

I.4.1.2 Cycle à quatre temps

Le cycle de fonctionnement du moteur Diesel se décompose en quatre temps : admission, compression, détente et échappement. Le cycle mécanique correspond à deux allers et deux retours de piston, c'est-à-dire quatre courses, et deux tours de rotation du vilebrequin, soit 720° (Mohamed, 2017).

✦ ***Admission***

Le premier temps correspond à l'ouverture de la soupape d'admission (admission d'air frais). Le piston descend du point mort haut (PMH), position haute extrême, au point mort bas (PMB), position basse extrême. La dépression créée par la descente du piston permet le remplissage du cylindre par le mélange gazeux (fermeture de la soupape d'admission). Cette phase d'admission est primordiale (Mohamed, 2017). ✦ ***Compression***

Le deuxième temps correspond à la compression de l'air frais. Les soupapes d'admission et d'échappement sont fermées. Le piston remonte vers le point mort haut et comprime l'air précédemment admis. Il y a une forte augmentation de pression (10 à 25 fois sa valeur initiale) due à la diminution de volume. De plus, une augmentation de la température assure l'inflammation spontanée du mélange combustible-air chaud au moment de l'injection (Mohamed, 2017).

✦ ***Combustion-détente***

Le troisième temps correspond à la détente des gaz. Les soupapes d'admission et d'échappement sont fermées. Le combustible est injecté sous très haute pression dans la chambre de combustion avant la pression maximale, et lorsque le piston est au point mort haut. Cette pression maximale créée dans la chambre de combustion repousse le piston vers le PMB, d'où la production d'un travail mécanique. La conversion du travail mécanique en mouvement de rotation permet de tourner le vilebrequin (Mohamed, 2017).

✦ ***Échappement***

Le quatrième temps correspond à l'échappement des gaz brûlés. L'ouverture de la soupape d'échappement et le piston remonte du point mort bas vers le point mort haut et chasse vers l'atmosphère les gaz brûlés. (Mohamed, 2017).

Le fonctionnement du moteur diesel comporte quatre (4) cycles montrés ci-haut. Dans les prochaines lignes nous allons voir le moteur thermique W20V32 et ses principales caractéristiques.

I.4.2 Moteur thermique de marque WÄRTSILÄ W20V32

Wärtsilä est une entreprise finlandaise d'un capital de 10 375 000 000 € spécialisée dans la fabrication industrielle de générateurs électriques et de moteurs de bateaux. Fondée en 1834, elle a son siège dans la capitale Helsinki. Elle est également cotée en bourse (Vuosikertomus, 2017).

Les moteurs thermiques W20V32 (**Annexe 3**) sont conçus pour un fonctionnement continu au fuel lourd ou léger suivant la norme ISO 8217, catégorie ISO-F-RMK 55 tout en respectant les conditions d'exploitation. La conception du circuit combustible délivre la quantité de combustible requise au moteur à la température et pression appropriées (Wärtsilä, 2011). Le tableau 3 ci-après présente les principales caractéristiques du moteur W20V32.

Tableau 3: Les principales données techniques du moteur W20V32 (Wärtsilä, 2011)

Caractéristiques	Moteurs centrale	Moteurs Marine
Cylindrée	320 mm	320 mm
Course du piston	400 mm	400 mm
Vitesse	720tr/min à 750 tr/min	720 tr/min à 750 tr/min
Pression moyenne effective (*Pme*)	23,3 bars à 23,9 bars	8,8 bars à 28,8 bars
Vitesse du piston	9,6 m/s à 10,0 m/s	9,6 m/s à 10,0 m/s
Puissance/cylindre	450 kW à 460 kW	550 kW à 580 kW
Viscosité du combustible	730 cSt/50°C	
Combustible	ISO 8217, catégorie ISO-F-RMK 55	

NB : Moteurs pour centrale : la valeur Puissance/cylindre peut varier en fonction de la conception et du détarage du moteur (propre à l'installation). Ces caractéristiques fournies par le constructeur permettent à l'exploitant de connaitre les paramètres liés aux conditions d'exploitation.

Après avoir vu en détail les principales caractéristiques du moteur de notre étude, il sera question dans les lignes suivantes des principaux composants dudit moteur.

I.4.3 Les principaux composants du Moteur W20V32

Le moteur W20V32 est un moteur turbo diesel à 4 temps avec un post-refroidissement et une injection de combustible directe

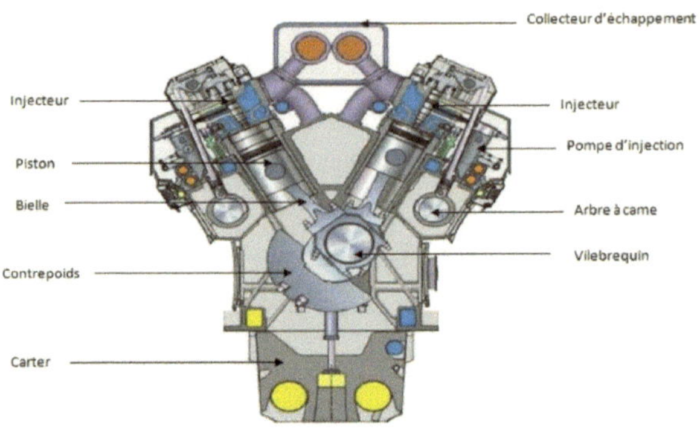

Figure 3: Coupe du moteur W20V32 (Wärtsilä, 2011)

Le moteur W20V32 est constitué de plusieurs organes : les organes mobiles et fixes. Ces différents organes seront détaillés dans le prochain paragraphe.

I.4.3.1Les organes fixes

L'ensemble bloc-cylindres culasse est un ensemble indéformable qui sert de point d'appui aux éléments mobiles internes et externes et permet la fixation de certains organes externes (démarrage, pompe à eau, alternateur, etc.).

I.4.3.2 Les organes mobiles

Les organes mobiles sont des organes du moteur qui transforment leur mouvement de translation en mouvement de rotation (une énergie mécanique). Dans notre cas, cette énergie est obtenue par le mouvement du piston transmis au vilebrequin par le biais de la bielle. Les organes mobiles sont constitués de : piston, segments de piston, axe de piston, bielle, coussinets et vilebrequin (Wärtsilä, 2011).

I.4.3.3 La distribution

La distribution est l'ensemble des organes qui permettent de réaliser l'introduction des gaz frais à l'intérieur des cylindres et l'évacuation des gaz brûlés à l'extérieur des cylindres. Un système de distribution comprend : les soupapes, les ressorts de soupapes, l'arbre à came et les cames, les poussoirs, les tiges de poussoirs, le système d'entraînement de l'arbre à cames (pignons, roues dentées, courroies et chaînes), les sièges de soupapes et les guides de soupapes (Wartsila, 2011).

I.4.3.4 Circuit d'alimentation

Le circuit d'alimentation est le système qui assure la circulation du fuel jusqu'à la chambre de combustion. Le circuit est composé des principaux organes : pompe à injection et l'injecteur (Wartsila, 2011).

- **Pompe d'injection**

La pompe d'injection met le carburant sous pression vers le gicleur d'injection. Il dispose d'un mécanisme de régulation permettant d'augmenter et de diminuer la quantité d'alimentation en carburant en fonction de la charge et de la vitesse du moteur. Les pompes sont régulées par un régulateur (Wartsila, 2011).

- **Injecteur**

L'injecteur est situé en position centrale dans la culasse et inclut le porte-injecteur et le gicleur. Le carburant entre dans le porte-injecteur par les côtés via une pièce de raccord montée dans le porte-injecteur. Les gicleurs reçoivent du combustible à haute pression du tuyau d'injection, et injectent ce combustible dans la chambre de combustion sous forme de nébulisation très fine. La pression à laquelle le gicleur fonctionne peut-être corrigée en tournant la vis de réglage dans l'injecteur (Wartsila, 2011).

I.4.4 Etude du combustible : le LFO

I.4.4.1 Généralités sur le LFO (gasoil)

Le mot « gazole », attesté en 1973, est adapté de l'anglicisme *gasoil* en 1920, emprunté de l'anglais nord-américain *gas oil* qui désignait tout hydrocarbure produisant des gaz par distillation. Le mot « gazole » est surtout utilisé en France ; c'est le seul qui figure dans la base de données *FranceTerme* pour désigner ce carburant (Robert, 2006). Le gazole à température et pression ambiante n'est pas miscible dans l'eau. Le gazole pétrolier est un dérivé du pétrole composé à environ 75 % d'hydrocarbures saturés, principalement des alcanes paraffiniques, notamment les **n**, **iso** et **cyclo**-paraffines et à 25 % d'hydrocarbures aromatiques dont des naphtalènes et les alkylbenzènes (ATSDR, 1995). Sa formule chimique moyenne est $C_{12}H_{24}$ allant en réalité approximativement de $C_{10}H_{22}$ à $C_{15}H_{28}$ (Anil, 2011).

Il est produit par distillation fractionnée de pétrole brut quand ce dernier atteint une température comprise entre 200 et 350 °C à pression atmosphérique, ce qui donne un mélange de chaînes carbonées contenant typiquement de 8 à 21 atomes de carbone par molécule de gazole dit « gazole atmosphérique ». On peut séparer le « gazole atmosphérique » en gazole léger et gazole lourd grâce à une distillation sous vide qui permet alors de séparer les résidus atmosphériques en gazole léger sous vide (qui est mélangé au gazole léger atmosphérique pour donner du « gazole moteur »), en gazole lourd sous vide, en fiouls lourds et en résidus sous vide utilisables pour produire des bitumes (Collins, 2007).

I.4.4.2 Propriétés physiques :

Toutes les propriétés du gazole se justifient par les caractéristiques du cycle diesel, en particulier :

- le mode d'introduction du carburant par injection sous haute pression ;
- le déclenchement de la combustion grâce à une auto-inflammation en milieu hétérogène ;
- le réglage de la puissance par modification du débit de gazole introduit dans une même quantité d'air.

Par ailleurs, les critères de qualité requis pour le gazole sont largement tributaires des conditions climatiques pour les zones à climat tempéré (Guibet, 1997). Les différentes caractéristiques du gasoil selon la norme européenne EN 950 sont consignées dans le tableau 4 ci-après.

Tableau 4: Spécification européennes du gazole (Guibet, 1997)

Caractéristiques	**Valeur limite**	
	Mini	**Maxi**
Masse volumique à 15 ° C.......................(kg/L)	0,820	0,86
Viscosité à 40°C....................................(mm^2/s)	2	4,5
Courbe de distillation		
E250...(%vol)	65	
E350...(%vol)	85	
E370 ....(%vol)	95	
Température limite de filtrabilité (°C)		
Classe A	-	+5
Classe B	-	0
Classe C	-	-5
Classe D	-	-10
Classe E	-	-15
Classe F	-	-20
Indice de cétane		
Mesuré	49	-
Calculé	46	-

La masse volumique, la volatilité, la viscosité et le comportement à basse température constituent les caractéristiques physiques essentielles du gazole, à prendre en compte pour obtenir un fonctionnement satisfaisant du moteur.

I.4.4.3 Propriétés chimiques

A. Indice de cétane

Dans les moteurs Diesels, le combustible est injecté dans l'air préchauffé grâce à la compression dans le cylindre. L'exigence principale que le gazole (le combustible des moteurs Diesel) doit satisfaire est la facilité d'auto-inflammation par contact avec l'air comprimé. La durée de temps du moment d'injection de combustible jusqu'à son auto-inflammation est nommé délai d'allumage. Le délai dépend de plusieurs facteurs, en particuliers, de la nature de combustible ou de son indice de cétane. Cet indice est le pourcentage en volume de cétane dans un combustible de référence qui a le même délai d'allumage que le gazole à éprouver. Le combustible de référence est un mélange de cétane $C_{16}H_{34}$ très inflammable (IC = 100) et de αméthylnaphtalène ($C_{10}H_7CH_3$) très peu inflammable (IC = 0). L'indice de cétane (IC) pour les moteurs Diesels doit être supérieur à 50 (IC≥50). (Ibrahim, 2006).

Il est parfois difficile d'obtenir l'indice de cétane minimal requis par simple mélange des bases disponibles en raffinerie. Aussi, utilise-t-on, de plus en plus fréquemment, des additifs appelés procétane. Ce sont des produits oxydants, particulièrement labiles, dont la décomposition génère des radicaux libres et favorisent ainsi l'auto-inflammation. Deux familles de composés organiques ont été expérimentées : les peroxydes et les nitrates ; ces derniers sont les seuls utilisés en pratique, en raison d'un meilleur compromis coût-efficacité-facilité de mise en œuvre. Les plus connus sont des nitrates d'alkyle, plus précisément des nitrates de 2-éthyl-hexyle (Guibet, 1997).

B. Pouvoir calorifique

Ces caractéristiques ne figurent pas dans les spécifications (sauf dans le cas des carburéacteurs) ; elles ont pourtant une grande importance, puisqu'elles déterminent la consommation de carburant, que celle-ci soit exprimée en masse ou en volume.

Le pouvoir calorifique massique ou volumique d'un carburant est la quantité d'énergie libérée par unité de masse ou de volume de carburant, lors de la réaction chimique de combustion complète conduisant à la formation de CO_2 et H_2O. Le carburant est pris, sauf mention contraire, à l'état liquide et à une température de référence, généralement 25°C. L'air et les produits de combustion sont considérés à cette même température. Le tableau 5 montre quelques valeurs typiques de PCI massique et volumique des différentes catégories de carburants, depuis GPL-C jusqu'au fuel lourd. On observe que lorsque la masse volumique croît, PCIm diminue, tandis que PCIv augmente (Guilbet, 1998).

Les valeurs moyennes des pouvoirs calorifiques massique et volumique des différents types de carburants sont indiquées dans le tableau 5 ci-après.

Tableau 5: Pouvoirs calorifiques massique et volumique des différents types de carburants (valeurs moyennes) (Guibet, 2000)

Produit	**Pouvoir calorifique à 25°C**	
	Massique (kJ/kg)	**Volumique (kJ/L)**
Essences	42700	32200
Gazole	42600	35800

A ces propriétés chimiques, s'ajoutent la couleur, la teneur en résidus carbone, la teneur en soufre, la corrosion à la lame de cuivre, teneur en eau, la teneur en cendre et le point éclaire.

Dans le prochain chapitre, il sera question des matériels et méthode de cette étude.

CHAPITRE II : MATERIEL ET METHODES

La présentation du matériel et des méthodes de notre travail constituera le maillon central de ce module. La première partie sera consacrée à une présentation du matériel et en deuxième lieu, la méthodologie.

II.1 MATERIEL

Pour cette étude, le matériel ci-dessous a été utilisé :

- cuves/réservoirs de stockage ;
- le séparateur (système de traitement du carburant) ;
- les matériels du système d'alimentation et de circulation du carburant ;
- le filtre à combustible ;
- les pompes d'injection et injecteurs ;
- le Manomètre Kitsler 2516B11 (dispositif de mesure de la pression maximale) ;
- la chemise-cylindre (chambre de combustion) ; les matériels technologiques et informatiques.

II.1.1 Séparateur LFO

Les séparateurs (**Annexe 4**) dans le système de traitement de carburant nettoient le carburant en éliminant les impuretés et l'eau. Chaque séparateur est équipé d'une pompe d'alimentation et d'un réchauffeur. La pompe d'alimentation entraînée électriquement fonctionne à un flux constant. De concert avec une soupape 3 voies actionnée automatiquement, le réchauffeur veille à ce que l'huile entrant dans le séparateur soit à la température correcte. Les impuretés retirées de l'huile sont collectées dans un réservoir de boues dans une unité de séparation. Le réservoir de boue est vidé par une pompe entraînée par air.

L'unité de séparation présente des connexions pour l'air comprimé et l'eau de service. Une unité de commande surveille et contrôle le fonctionnement du système de séparation.

1. Pompe d'alimentation ; 2. Chauffage ; 3. Valve à trois voies ; 4. Séparateur ; 5. Entrée de carburant non traitée ; 6. Sortie de carburant traité ; 7. Retour de carburant non traité.

II.1.2 Système d'alimentation et de circulation du carburant

Les composants du système d'alimentation et de circulation du carburant purifient, mettent sous pression et chauffent le carburant. Le système se compose d'une unité d'alimentateur, contenant les pompes d'alimentateur pour le fuel lourd (HFO) et le fuel léger (LFO) et une unité d'amplificateur.

À partir des réservoirs quotidiens, le carburant est alimenté vers l'unité d'amplificateur via l'unité d'alimentateur avant d'entrer dans le moteur. Un refroidisseur de mazout est connecté au système de circulation de carburant.

A. Unité d'alimentation HFO/LFO

L'unité d'alimentation alimente le HFO et le LFO des réservoirs de carburant vers le circuit de circulation de carburant. L'unité d'alimentation a des canalisations séparées pour le HFO et le LFO.

1. Robinet d'arrêt de sécurité ; 2. Pompe d'alimentation LFO ; 3. Pompes d'alimentation HFO ; 4. Viscosimètre ; 5. Filtre automatique ; 6. Pompe à boue.

B. Unité de surpression :

L'unité de suppression fournit du carburant au moteur à la pression correcte. Elle permet également d'assurer que la température du carburant soit correcte.
1.Soupape de sélection de carburant, **2**. Débitmètre, **3**. Réservoir de mélange **4.** Pompe d'amplification **5**.Réchauffeur de carburant **6**.Filtre de sécurité **7**.Réservoir de carburant de fuite, **8**.Refroidisseur de carburant, **9.**Carburant vers le moteur, **10.** Carburant de retour de moteur.

II.1.3 Filtre à combustible

Le filtre à carburant (filtre de sécurité) dispose de deux chambres de filtre connectées en parallèle. La sélection de la chambre de filtre se fait en actionnant une vanne d'inversion sur le filtre. L'élément de filtre consiste en un maillage métallique. Un indicateur de pression différentielle permettant de surveiller l'état des éléments de filtre est installé en travers du filtre. Les chambres de filtre sont équipées de vannes de purge.

La baisse de pression sur le filtre augmente, étant donné que l'état des éléments du filtre se détériore. Le filtre est équipé d'un contacteur de pression différentielle pour les indications d'alarme. Une baisse de pression d'environ 0,8 bar indique que l'élément de filtre est sale. Si l'alarme de pression différentielle est activée, les éléments de filtre doivent être nettoyés ou changés.

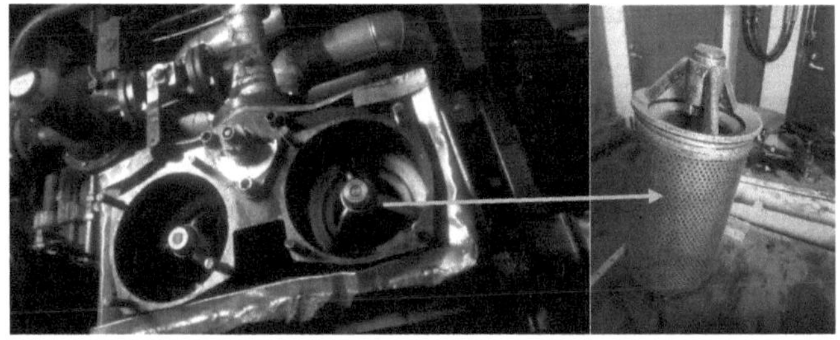

Figure 7: Filtre à combustible LFO (Photo prise par Djéguelbé, 04/03/2020)

Après avoir étudié le filtre combustible, nous verrons la pompe d'injection et l'injecteur qui jouent un rôle important dans le circuit d'injection.

II.1.4 Pompe d'injection et injecteur

Dans le moteur, la pompe d'injection met le carburant sous pression vers le gicleur d'injection.

La figure 8 ci-après montre le dispositif d'injection du combustible dans le moteur :

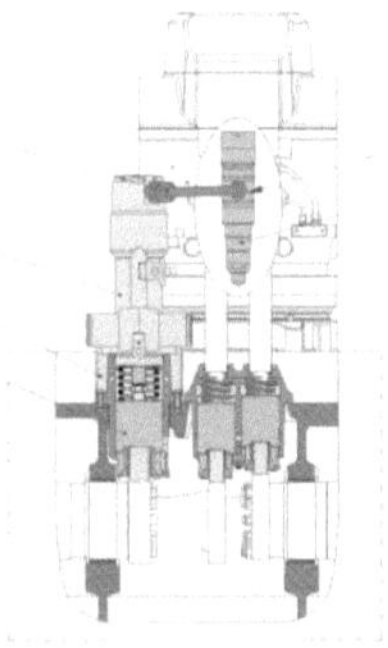

Pipe d'injection haute pression

Pompe à injection

Poussoir d'injection

Bloc de guidage de la Pompe à injection

Pièce de connexion

Injecteur

Figure 8: Circuit d'injection du moteur (pompe et injecteur) (Wärtsilä, 2012)

II.1.5 Appareil de mesure de pression maximale : Manomètre Kitsler 2516B11

Le Kit crête-mètre de moteur avec Piezotron-Capteur 6613CP type 2516D11 est un dispositif muni d'un compteur de pointe du moteur, capture et stocke la pression de point des cylindres (jusqu'à 40 cylindres) et offre un moyen simple d'équilibrer les cylindres du moteur.

La figure 9 ci-dessous montre le dispositif que nous avons décrit :

Figure 9: Mano Kistler 2516B11, appareil de mesure de la pression (Azinamangsou, 2015 et Groupe Kistler Suisse, 2018).

II.1.6 Chemise-Cylindre (Chambre de combustion)

La chemise de cylindre est l'espace de combustion à l'intérieur duquel coulisse le piston. La bague anti-polissage située dans la partie supérieure de la chemise de cylindre élimine les dépôts du fond de piston à chaque course de piston. L'eau de refroidissement est dirigée vers le collier de la chemise de cylindre à travers la chemise d'eau. Seul le collier de la chemise de cylindre est refroidi. L'eau ne risque pas de se mélanger à l'huile de lubrification étant donné que la partie inférieure de la chemise est entièrement sèche. L'angle des marques de polissage est de 30°.

Figure 10: Photo du dispositif de dégraissage du cylindre (Photo prise par DJEGUELBE, 10/04/2020)

II.1.7 Matériels technologiques et informatiques :

Les matériels technologiques ci-dessous nous ont servi au terrain pour recueillir nos données :

- Le GPS (Global Positioning System)

Nous avons utilisé le type Garmin etrex 20 pour relever les coordonnées géographiques.

- Le logiciel Arcgis 10.1

Ce logiciel nous a permis de localiser géographiquement notre zone d'étude depuis la carte de l'Afrique, celle du Tchad et la carte de la Ville de N'Djaména

- Les logiciels MS Excel pour les calculs
- Les logiciels WISE et WOISE ont permis d'avoir les données des moteurs
- 2 Ordinateurs portables de marque HP et PB

Ces ordinateurs ont été utilisé lors de ce travail pour la rédaction et le traitement de l'information ;

- Un téléphone portable de marque Samsung GALAXY S7 edge utilisé pour filmer mais aussi recueillir certaines informations.

Après la description des matériels utilisés, il sera question dans la prochaine partie des méthodes appliquées à notre étude.

II.2 METHODES

Dans le cadre de notre travail, la démarche méthodique s'articule autour des points ciaprès :

- La documentation
- La méthodologie déterminative et comparative liée au circuit combustible de la centrale électrique de Farcha :

- la séparation (centrifugation) du combustible par le séparateur ALFA LAVAL ;
- la caractérisation du LFO ;
- l'injection du combustible ;
- la compression (mesure de la pression maximale) ; la combustion dans le cylindre.

II-2-1 La documentation

Pour cette rédaction, nous avons passé en revue et exploité les documents pour avoir un aperçu général et la litterature existante sur le sujet. Les principaux sont :

- les documents du constructeur Wärtsila;
- les mémoires ; les articles.

II-2-2 La méthodologie liée au circuit combustible

Le circuit combustible a pour fonction d'alimenter les groupes de façon continue en combustible propre dans des conditions de température et de pression appropriées. Les moteurs étant de type diesel, ils peuvent fonctionner sous deux types de combustible à savoir le fioul lourd (HFO) et le fioul léger (LFO), d'où l'existence de deux circuits principaux de fioul :

- le circuit de HFO qui est le circuit principal ;
- le circuit de LFO qui est le circuit de secours et sur lequel repose le fonctionnement de la centrale.

Les principaux éléments constitutifs du système de fuel sont :

La station de dépotage : c'est le lieu où est dépoté le combustible des camions citernes et pompé vers les réservoirs de stockage de LFO et HFO au moyen des unités de pompe de déchargement. Le système compte des unités de pompe de déchargement séparées pour les fuels lourd et léger. (Wärtsilä, 2011).

- **La station de transfert** qui permet de déplacer le HFO ou le LFO des réservoirs de stockages vers le réservoir tampon. Le transfert du LFO du réservoir tampon vers le réservoir quotidien (ou journalier) est pris en charge par un séparateur où le carburant est également nettoyé. Si le réservoir journalier est plein, une canalisation de trop-plein sur le réservoir journalier renvoie le carburant vers le réservoir tampon (Wärtsilä, 2011).
- **Les réservoirs qui permettent de stocker le combustible sont** :

 Le réservoir de stockage LFO de la Centrale. La fiabilité de fonctionnement de la centrale exige qu'une quantité suffisante de LFO soit toujours conservée. Le réservoir de stockage inclut un équipement permettant de surveiller le niveau et la température dans le réservoir. Une conduite de purge est également installée.

 Le réservoir tampon HFO stocke le combustible en vue d'un traitement par le système de séparation. Un réchauffeur dans le réservoir conserve le carburant à la température correcte. Le réservoir dispose d'une canalisation de purge et d'un tuyau d'aération.

 Le réservoir quotidien LFO stocke le carburant traité avant son alimentation dans le moteur. Un réchauffeur dans le réservoir conserve le carburant à la température correcte. Le réservoir inclut un équipement permettant de surveiller le niveau et la température dans le réservoir. Le réservoir dispose d'une conduite de purge.

- **Le séparateur LFO** qui purifie le fuel sous une température minimale de 40°C. Cette purification consiste à séparer le combustible de l'eau et des boues. Le LFO propre est envoyé dans la cuve journalière, les eaux huileuses sont pompées dans le tank à boues.

- **La station d'alimentation** (feeder) transfert le carburant du réservoir de jour vers les unités de surpression. A partir des unités de surpression, le carburant continue à travers les unités de combustible vers les moteurs.
- **La station d'amplification** (booster) qui augmente la pression et la température du LFO pour un fonctionnement. Le combustible boosté, se dirige vers l'unité de fuel.
- **L'unité de fuel** qui contient un filtre de sécurité, fournit le fuel au moteur dans les conditions de pression et de température requises pour la combustion.

Le schéma ci-après vient mettre au clair le circuit d'alimentation des moteurs W20V32 détaillé dans la partie précédente.

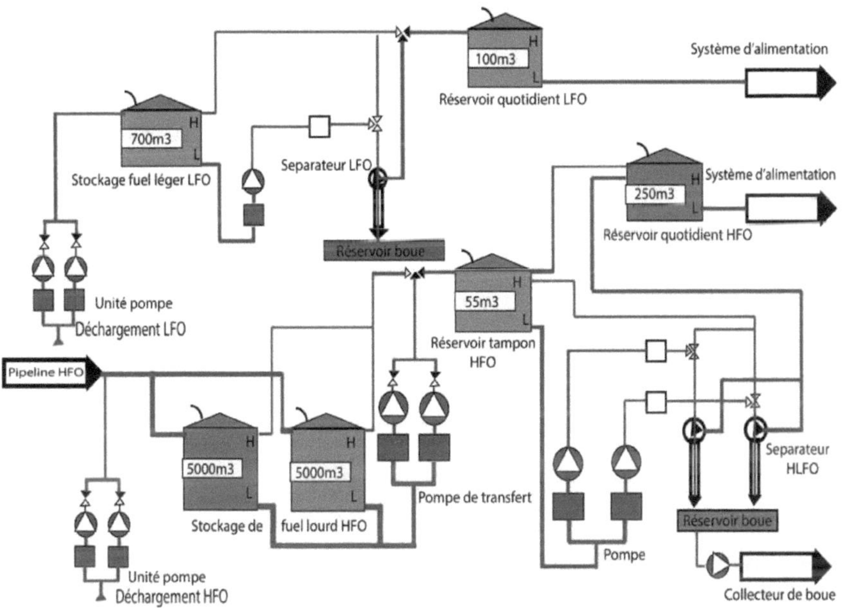

Figure 11: Schéma du circuit d'alimentation des moteurs W20V32 (Wartsila, 2011)

II.2.2.1 La séparation (centrifugation) du combustible par le séparateur ALFA LAVAL

L'unité de séparation (Annexe 4) est conçue pour épurer les combustibles et les huiles de lubrification des moteurs diesel ainsi que le mazout pour les moteurs à turbine à gaz dans les applications de marine et de centrales. Le combustible est envoyé dans le séparateur pour éliminer les particules solides et l'eau. Le combustible propre quitte le séparateur par la sortie combustible tandis que l'eau et les boues séparées s'accumulent sur la périphérie du bol du séparateur en rotation. L'unité de commande supervise l'ensemble de l'opération, en effectuant des fonctions de surveillance, de commande et d'alarme. Le processus s'adapte automatiquement aux changements des conditions, comme une teneur en eau accrue dans le combustible non traité, une température élevée ou faible du combustible d'alimentation, etc. L'unité de séparation de base comprend :

- un séparateur ;
- un équipement auxiliaire comprenant l'unité de commande (EPC50) ;
- équipement optionnel comme la vanne papillon, un réchauffeur, etc.

II.2.2.2 La caractérisation du LFO (qualité du combustible)

La spécification du fuel léger (LFO) est basée sur la norme ISO 8217 : 2005(E) et couvre les catégories de carburant ISO-F-DMX, DMA, DMB et DMC. Les valeurs figurant dans la colonne Installation indiquent la qualité du LFO spécifiée pour l'installation. Les valeurs figurant dans la colonne Moteur indiquent les limites extrêmes individuelles pour le moteur. Les carburants ayant une ou plusieurs valeurs proches de cette limite pourraient avoir une incidence négative sur la durée de service des composants (Wärtsilä, 2011). Le tableau 6 ci-après montre ces paramètres énumérés.

Tableau 6: Les caractéristiques du fuel léger LFO (Wärtsilä, 2011)

Paramètre	Limite de qualité du carburant		Unité	Référence de méthode de Test
	Moteur	Installation		
Viscosité, min.		4,0	cSt à 40°C	ISO 3104
Viscosité, max.		14	cSt	ISO 3104
Viscosité d'injection, min.	2,0	-	cSt	ISO 3104
Viscosité d'injection, max.	24	-	cSt	ISO 3104
Densité, max.	1010	965	kg/m³ à 15 °C	ISO 3675 ou 12185
Eau, max.	0,3	0,5	volume %	ISO 3733
Soufre, max.	2,0	-	masse %	ISO 8754
Cendre, max.	0,05	-	masse %	ISO 6245
Vanadium, max.	100	-	mg/kg	ISO 14597
Sodium, max.	30	-	mg/kg	ISO 10478
Aluminium + silicium, max.	15	25	mg/kg	ISO 14597
Résidu de carbone, max.	2,5	-	masse %	ISO 10370
Asphaltènes, max.	14	-	masse %	ASTMD 3279
Point d'éclair (PMCC), min.	60	60	°C	ISO 2719

Point d'écoulement, max.	6	-	°C	ISO 3016

II.2.2.3 L'injection du combustible

- **La pompe :**

Le combustible sous pression pénètre dans le cylindre de la pompe via la chambre à faible pression et alimente l'élément de pompe en combustible. L'excédent de combustible est dirigé vers le circuit basse pression. La pompe d'injection met sous pression le combustible à injecter dans les cylindres et elle dispose d'un mécanisme régulateur (crémaillère et douille de régulation) pour augmenter ou diminuer la quantité de combustible en fonction de la charge et de la vitesse du moteur. La pompe d'injection est contrôlée par le régulateur. Le piston plongeur, poussé par l'arbre à cames via le galet poussoir et ramené par l'action du ressort, effectue un mouvement de va-et-vient dans le cylindre suivant une course prédéterminée pour mettre le combustible sous pression.

- **L'injecteur :**

L'injecteur comprend une buse et un support de buse. La pression de service de l'aiguille d'injection est contrôlée via la tige de poussée, le guide de ressort et le ressort en tournant la vis de réglage. Le combustible entre dans le support de buse sur le côté via une pièce de raccordement dans la chambre de la buse. La buse reçoit le combustible haute pression en provenance de la tuyauterie d'injection et l'injecte dans la chambre de combustion sous forme de pulvérisations très fines. Le combustible quitte la buse sur le côté du support.

II.2.2.4 La compression (mesure de la pression maximale)

La mesure des pressions est faite à un niveau de charge de 100% (moteur en marche) à l'aide d'un appareil de mesure des grandes pressions de type Kistler 2516B11. L'appareil est monté sur la soupape d'indication puis on ouvre la vanne de la soupape et la valeur de la pression affichée par le Kistler est lue en bars.

II.2.2.5 La combustion dans le cylindre

Le fonctionnement des moteurs thermiques repose sur la combustion de carburant (gasoil). Tous les carburants utilisés sont à base de carbone (C) et d'hydrogène (H). Et la combustion parfaite d'un hydrocarbure est conduite à la présence suffisante de dioxygène O_2, des alcanes et le dioxygène se transforment essentiellement en dioxyde de carbone (CO_2) et en eau (H_2O), suivant cette réaction (Pirson et al., 2004) :

$$\textbf{Alcane} + O_2 \Longrightarrow CO_2 + H_2O + \textbf{Energie}$$

L'analyse en laboratoire d'échantillons de carburants purs non additivés montre que le gazole est constitué (en masse) de 87 % de carbone et 13 % d'hydrogène.

L'allumage se fait par compression du mélange air carburant, et l'introduction du mélange dans les cylindres se fait de manière séparée. La combustion est généralement décrite par trois phases (Nohra, 2009) :

- la première phase débute avec l'injection du carburant dans le cylindre ;
- la deuxième phase est l'inflammation du mélange ;
- la troisième phase est la combustion par diffusion du mélange durant laquelle plus de 75% du combustible est brûlé.

Parlant de la combustion par diffusion, des photographies de la combustion effectuées à l'ultra cinéma à travers un paroi transparente de la culasse ont montré qu'une partie importante du combustible brûle au début avec une flamme trop peu lumineuse pour impressionner les pellicules. Puisque le taux de luminescence et de chaleur dégagée tend à croître beaucoup plus vite que le taux de pression ; on atteint en quelques degrés de vilebrequin une flamme brillante de combustion de carbone libre avec une température maximale de l'ordre de 2500°C. Cette flamme brillante persiste jusqu'à 90°C après le PMH puis s'évanouit en rougissant.

Le contrôle de la combustion implique, au total, que l'on ait su accélérer convenablement les réactions chimiques précédant l'auto-inflammation.

Pour cela, on peut mettre en œuvre deux techniques :

1. Système à chambre ouverte. On s'évertue à posséder une zone extrêmement chaude dans laquelle ou au voisinage de laquelle les particules de combustible subissent une transformation physique et une réaction chimique, l'évaporation et l'auto-allumage du combustible s'étendant progressivement, et plus ou moins brutalement en fonction de la turbulence, vers les zones plus froides.
2. Système à chambre séparée. On associe dans une préchambre la présence d'une température élevée et celle d'une quantité limitée d'air comburant ; par surcroît, un étranglement peut freiner la vitesse d'expulsion des gaz produits.

La tâche d'obtenir une bonne combustion appartient donc, au total : à la chambre de combustion et à l'injecteur. Mais la combustion se poursuit, après la fin de l'injection, et ce dans des conditions de plus en plus imparfaites au fur et à mesure que l'excès d'oxygène diminue. Il en résulte une perte de rendement, perte qui va en croissant tandis que se déroule le cycle, puisque le rapport de détente diminue. Par surcroît, toute calorie dégagée qui ne se transforme pas en travail se transmet soit aux gaz brûlés et à l'azote, soit aux structures de moteur, et augmente nocivement leurs températures (Papa, 2003).

Ainsi prend fin le matériel et les méthodes utilisés pour résoudre le problème posé pendant cette étude dont les résultats seront illustrés dans les prochaines lignes.

CHAPITRE III : RESULTATS

Dans ce chapitre, les résultats de notre travail sont détaillés afin de mettre en valeur les objectifs fixés. Nous avons entre autres les résultats des caractéristiques du LFO fournit par la SRN, les indicateurs de performances prévus par Wärtsilä et l'optimisation du séparateur de la centrale.

III.1. Données de la Société de Raffinage de N'Djaména

Les résultats qui sont dans le tableau 7 ci-après sont issues de la société de raffinage de N'Djamena dont le laboratoire central est certifié selon les normes du système de vérification de la qualité ISO9001. Le Constructeur de la centrale électrique SNE de Farcha a fixé certaines spécifications pour le combustible que les moteurs W20V32 doivent utilisés. Il est important de veiller à ce que la quantité de carburant reçue soit conforme à la consommation et que la qualité du carburant réponde aux spécifications exigées. Il est recommandé de prendre des échantillons du nouveau carburant et de le faire analyser avant l'emploi.

Tableau 7 : Données de la qualité du LFO fournies par la SRN à la centrale de Farcha (Source : service d'exploitation de la centrale SNE 04/03/2020)

Paramètres	Unité	Indice Qualité	Résultats	Méthode
Aspect	_	Qualifié	Qualifié	Observation visuelle
Point Eclair	°C	55 min	66	ASTM D93
Distillation				
50% Température Distillation	°C	300 Max	280	ASTM D86
90% Température Distillation	°C	259 Max	353	
95% Température Distillation	°C	Report	367	
Viscosité Cinématique (20°C)	mm^2/s	3,0-8,0	4,822	ASTM D445
Teneur en cendres	% massse	0,01 Max	0,0037	ASTM D482
Teneur en Soufre	% massse	0,2 Max	0,0195	ASTM D7039

Corrosion à la lame de Cuivre (50°C, 3H)	Grade	1 Max	1b	ASTM D130
Indice de cétane	_	45 Min	49	ASTM D976
Point d'écoulement	°C	25 Max	9	ASTM D2500
Teneur en Résidu carbone 10%	% massse	0,3 Max	0,045	ASTM D189
Densité (15°C)	kg/m^3	820-880	853,4	ASTM D4052
Couleur	_	3,0 Max	0,4	ASTM D1500

III.2 Les indicateurs de performance

III.2.1 La consommation spécifique

La consommation spécifique du fuel CSp ou SFC (*Specific Fuel Consumption*) est la quantité de combustible mise en jeu pour produire 1 kW. Elle est l'indice principal permettant d'optimiser la performance des moteurs thermiques à combustion interne. Elle est l'inverse du rendement, plus le rendement est élevé, moins il faut de carburant pour produire 1 kWh (Wärtsilä, 2011).

$$CSp = \frac{m \times 3600}{Peff} = \frac{3\,600\,000}{Peff} = \frac{\text{Quantité de fuel cons.} \times 850}{\text{Energie Produite}} = \quad = \quad \textbf{(1)}$$

(Merabet A., 2016)

Avec **CSp** en g/kWh, **PCI** en kJ/kg et **m** la quantité de carburant.

Pour notre étude nous avons prélevé les données de deux (2) moteurs de la centrale de Farcha pour mieux évaluer l'impact de la qualité du gasoil sur leurs fonctionnements. Il s'agit des moteurs 1 représenté par G1 et le moteur 7 noté G7 selon le tableau 8 ci-dessous :

Tableau 8: Les données de G1 et G7 de Janvier à Mars 2020 (Source : Service d'exploitation)

Mois	Heure de marche (h)	Energie produite (kWh)	Consommation Gasoil (L)	CSp (g/kWh)
		MOTEUR 1 (G1)		
Janvier 2020	129	814266	211545	220,82
Février 2020	239	1522080	396050	221,17
Mars 2020	539	3841421	997955	220,81
TOTAL	**907**	**6 177 767**	**1 605 550**	**220,90**
		MOTEUR 7 (G7)		
Janvier 2020	0 (Maintenance)	0(Maintenance)	0(Maintenance)	0(Maintenance)
Février 2020	501	3 362 434	812 561	205,41
Mars 2020	708	5 229 721	1 267 398	206,00
TOTAL	**1209**	**8 592 155**	**2 079 959**	**205,70**

III.2.2 Facteur de charge

Le facteur de charge d'une centrale électrique correspond au rapport entre énergie effectivement produite durant un laps temps donné et l'énergie qu'elle aurait pu générer à sa puissance nominale pendant la même période. Ce paramètre est exprimé en pourcentage, et ne peut dépasser 100% (valeur consignée doit être supérieure ou égale à 75%). Plus la valeur est importante plus la production électrique est efficace (Azinamangsou, 2015).

$$Fch = \frac{\text{énergie effectivement produite}}{\text{puissance nominale} * \text{période fonctionnement}} \; en \; \% \quad (2)$$

Dans le tableau 9 ci-après, nous avons les résultats de différents facteurs de charge des moteurs G1 et G7.

Tableau 9 : Les facteurs de charge de G1 et G7 de Janvier à Mars 2020

Moteurs	Mois	Heure de marche (h)	Energie produite (kWh)	Puissance Nominale (kWh)	Facteur de charge (%)
G1	janv-2020	129	814 266	8777	**71**
	févr-2020	239	1 522 080	8777	**72**
	mars-2020	539	3 841 421	8777	**81**
G7	janv-2020	0	0	8777	**0**
	févr-2020	501	3 362 434	8777	**76**
	mars-2020	708	5 229 721	8777	**84**

Ces différents résultats seront amplement interprétés dans le chapitre « Interprétation et discussion ». L'étape suivante stipulera les valeurs des pressions maximales obtenues.

III.2.3 Mesure de la pression maximale

L'analyse des données relatives à l'étanchéité et à la pression maximale permet d'évaluer la performance de certaines pièces. Ces données (P°max et cran crémaillère) sont mesurées par des appareils que nous avons énumérés dans la partie « Matériel ». Cependant, la mesure de l'étanchéité n'a pas été faite, ceci est justifiée par la défectuosité du manomètre. Les données des pressions maximales et crans crémaillères du moteur G1 sont énumérées dans le tableau ci-dessous.

Tableau 10 : Données des pressions maximales et crans crémaillères dans les chambres de combustion de G1. (Source : Service Mécanique)

Heure de marche : 34230 heures

Cran de charge : 9 et Charge : 8209 kW

N° Cylindre	P° max (bar)		Cran crémaillère (mm)		T (°C)	
	A	B	A	B	A	B
1	130,9	161,9	47	46	436	434
2	153,8	161,7	50	50	412	432
3	150,1	155,7	47	49	410	463
4	160,6	163,1	47	45	458	448
5	162,9	152,2	41	45	417	413
6	140,1	170,3	44	44	426	445
7	161,0	144,4	47	50	424	381
8	146,7	159,7	50	45	402	430
9	**153,1**	146,7	48	46	411	394
10	159,7	161,9	44	42	463	458
Moyenne	151,8	157,7	46,5	46,2		

NB : $x \in [-5\,;5]$ bon paramètre

$x \notin\ ]-5;5[$ défaut sur le paramètre (valeurs en rouge)

Les résultats des pressions maximales et crans crémaillères de G7 sont dans le tableau 11 ciaprès.

Tableau 11 : Données des pressions maximales et crans crémaillères dans les chambres de combustion de G7. (Source : Service Mécanique)

Heure de marche : 32 485 heures

Cran de charge : 7,5 Charge
: 8297 kW

N° Cylindre	P° max (bar)		Cran crémaillère (mm)		T (°C)	
	A	B	A	B	A	B
1	150,5	158,2	38	40	390	432
2	154,7	159,2	38	40	374	391
3	157,6	164,1	38	40	407	419
4	155,6	162,6	38	38	412	435
5	153,5	157,1	39	39	397	427
6	154,9	156,0	38	39	387	420
7	166,4	157,1	39	41	406	449
8	158,7	150,0	39	40	400	421
9	153,1	152,2	40	40	386	401
10	159,7	158,9	37	38	417	431
Moyenne	156,47	157,54	38,4	39,5		

NB : $x \in [-5\,;5]$ bon paramètre

$x \notin \,]-5;5[$ défaut sur le paramètre (valeurs en rouge)

III.3 Optimisation du séparateur

Pendant notre stage, cet appareil de traitement très important était en panne, cependant nous avons choisi d'optimiser le travail fait précédemment dans ce cadre par Abdelaziz (2015).

Ce travail orienté sur l'évaluation du réservoir à boue est décrit ci-dessous.

- Dimensionnement de la caisse à boue :

L'évaluation de la caisse à boue par l'unité de mesure de longueur qui est le mètre, la caisse à boue est de la forme ci-après :

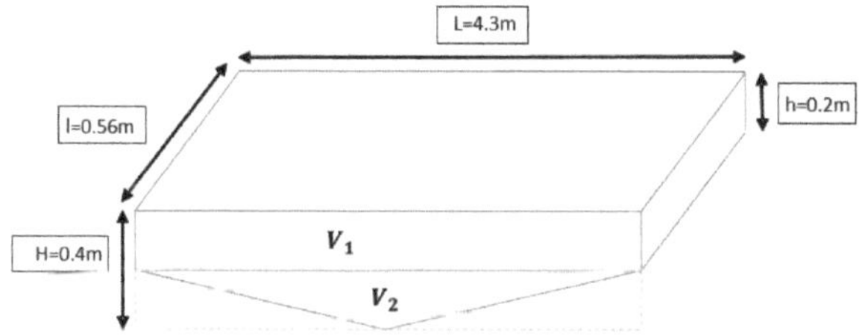

Figure 12 : Réservoir à boue (Abdelaziz, 2015) -

Calcul du volume du réservoir à boue :

$$V_1 = L \times l \times h \qquad \textbf{(3)}$$

<u>**AN**</u>: $V_1 = 4{,}3 \times 0{,}56 \times 0{,}2 \Longrightarrow \mathbf{V_1 = 0{,}4816\ m^3}$

$$\mathbf{V_1 = 0{,}4816\ m^3}$$

Et $\qquad V_2 = V_1 / 2 \qquad \textbf{(4)}$

<u>**AN**</u> : $V_2 = 0{,}4816 / 2 \Longrightarrow \mathbf{V_2 = 0{,}2408\ m^3}$

$$\mathbf{V_2 = 0{,}2408\ m^3}$$

Pour rendre fiable cette étude il faut déterminer le volume total du réservoir **Vr** tel que :

$$V_r = V_1 + V_2 \qquad \textbf{(5)}$$

<u>**AN**</u>: $Vr = 0{,}4816 + 0{,}2416 \Longrightarrow \mathbf{Vr = 0{,}7224\ m^3}$

$$\mathbf{Vr = 0{,}7224\ m^3}$$

Après avoir évalué le réservoir à boue, le séparateur a été mis en service pendant un temps jusqu'à ce que le réservoir à boue se remplisse, le temps d'essai est de 4h30 mn. Le volume calculé ci-dessus représente le volume des impuretés solides et de l'eau évacués lors de la chasse dans la caisse à boue.

- Calcul du débit du fluide :

Le débit du LFO traité est de $\boldsymbol{Q} = \mathbf{4{,}1}\ m^3/\mathbf{h}$, ce qui donne une quantité du LFO traité de **4,1** $\mathbf{m^3}$ en une heure. Donc la quantité de LFO traité en **4h30** $mn\ ou$ **4,5 h**$eure$ est de :

$$\mathbf{V = Q \times t} \qquad \mathbf{(6)}$$

$$V = 4{,}1 \times 4{,}5$$

$$\mathbf{V = 18{,}45\ m^3}$$

Pendant le traitement (en 4h30 mn), il y a eu une perte de $\mathbf{0{,}7224}\ \boldsymbol{m^3}$ dans le réservoir à boue. En réalité, il y a eu aussi une quantité d'eau de manœuvre dans le réservoir. Cette quantité est évaluée à environ $\mathbf{0{,}022}\ \boldsymbol{m^3}$. En retranchant cette quantité d'eau, la perte réelle sera de $\mathbf{0{,}7}$ $\boldsymbol{m^3}$.

En considérant la perte, nous retrouvons la quantité du carburant sal envoyé vers le séparateur pendant ce temps d'essai. Cette quantité est de : $\mathbf{19{,}15}\ \boldsymbol{m^3}$.

- Le taux de rendement général (TRG) :

$$\boldsymbol{TRG} = \frac{\boldsymbol{quantit}\text{é}\ \boldsymbol{du\ fluide\ trait}\text{é}}{\boldsymbol{quantit}\text{é}\ \boldsymbol{du\ fluide\ non\ trait}\text{é} + \boldsymbol{perte}} \qquad (7)$$

$$TRG = \frac{18{,}45}{19{,}15 + 0{,}7} = 0{,}96$$

$$\boldsymbol{TRG} = \mathbf{96\%}$$

Pour mieux harmoniser cette optimisation, nous avons souhaité répertorier les résultats dans le tableau 12 ci-après.

Tableau 12 : Résultats de l'optimisation du séparateur

Désignation	**Quantité**	**Unité**
LFO non traité en 4,5 heures	**19,15**	m^3
LFO propre obtenus en 4,5 heures	**18,45**	m^3
La perte évaluée en 4,5 heures (boue + eau huileuse)	**0,7**	m^3
Rendement de séparation (TRG)	**96**	%

En mode fonctionnement normal du G1 avec le séparateur, les résultats font l'objet du tableau 13 ci-dessous.

Tableau 13: Résultats du G1 avec fonctionnement normal du séparateur (source : *Azinanmangsou,* 2015).

Mois	**Energie produite (kWh)**	**C. Gasoil (L)**	**CSP (g/kWh)**
Janvier 2015	210 636	505 025	203
Février 2015	30 607	6 653	184
Mars 2015	1 321 300	320 814	206
Total	**1 562 543**	**832 492**	**197,66**
Aspect économique			
	1 L gasoil = 518 FCFA	**832 492 L**	
Total	**431 230 856 FCFA soit 748 664 $ ou 655 366 €**		

Pour mieux appréhender cette étude comparative, nous avons dans le tableau 14 ci-après les résultats du moteur G1 en fonctionnement sans séparateur.

Tableau 14 : Résultats de G1 en fonctionnement sans séparateur (Source : Service d'Exploitation Centrale SNE 2020)

Mois	**Energie produite (kWh)**	**C. Gasoil (L)**	**CSP (g/kWh)**
Janvier 2020	814 266	211 545	220,82
Février 2020	1 522 080	396 050	221,17
Mars 2020	3 841 421	997 955	220,81
TOTAL	**6 177 767**	**1 605 550**	**220,90**
Aspect économique			
	1 L gasoil = 518 FCFA	**1 605 550 L**	
Total	**831 674 900 FCFA soit 1 443 880 $ ou 1 263 943 €**		

Les résultats ci-haut obtenus seront interprétés et discutés en détail dans le prochain chapitre.

CHAPITRE IV : INTERPRETATION ET DISCUSSION DES RESULTATS

IV.1 Paramètres physiques

IV.1.1 Densité

La densité à 15°C est une propriété importante, puisque les organes d'injection (pompe et injecteurs) sont réglés pour délivrer un volume déterminé de carburant. La SRN a fixé une limite de 820-880 kg/m^3 (norme ASTM D4052), l'analyse a donné un résultat de 853,4 kg/m^3 qui est dans la fourchette de la borne maximale de Wärtsilä fixée à 1010 kg/m^3. Les résultats s'écartant de l'intervalle fixé risqueraient un mauvais fonctionnement du moteur, soit par manque de calorie, soit par suite d'une combustion incomplète.

IV.1.2 La viscosité cinématique

La viscosité du gasoil doit être satisfaisante pour le fonctionnement du moteur. La valeur obtenue à 20°C par le fournisseur de la centrale 4,822 mm^2/s respecte bel et bien la barre fixée par la norme ASTM D445 (3 à 8 cSt ou mm^2/s) de même que celle fixée par Wärtsilä de 4 à 14 cSt puisque la viscosité devra être suffisamment faible pour que la pulvérisation dans le cylindre soit très fine. Cependant, une viscosité insuffisante pourrait provoquer le grippage de la pompe d'injection. À l'inverse, un carburant trop visqueux augmenterait les pertes de charge dans la pompe et les injecteurs, ce qui tendrait à réduire la pression d'injection, à détériorer la finesse de pulvérisation et finalement à affecter le processus de combustion.

IV.1.3 Point d'écoulement

Dérivant directement de la valeur du point final de distillation et de la teneur en paraffines cristallisables, le point d'écoulement du gasoil est fixé à -12°C en hiver et -7°C en été. Sa valeur détermine les conditions de réchauffage à envisager par temps froid et peut être abaissée par des additifs appropriés. En outre, le test de filtrabilité doit être inférieur ou égal à 6°C en hiver (Wuithier, 1972). Pour ce paramètre, le constructeur Wärtsilä a fixé la norme maximale à 6°C selon ISO 3016, l'analyse de la SRN donne quant à elle 9°C pour une température maximale de 25°C. Nous pouvons dire, jusqu'ici cette valeur ne peut pas avoir une influence majeure sur notre combustible.

IV.1.4 Distillation

Les spécifications ne touchent que les fractions lourdes du gasoil : moins de 65% distillés à 250°C et plus de 85% à 350°C. Faisant suite au kérosène, le gasoil a un point initial qui se situe aux environs de 220°C et ainsi, contient donc approximativement une gamme d'hydrocarbures compris entre C_{14} et C_{20}. Le point 50% de la courbe de distillation A.S.T.M. est représentatif des propriétés moyennes : volatilité, viscosité, point de congélation. Le point 85% inférieur à 350°C limite la teneur en produits lourds et s'obtient aisément à l'unité de distillation (Wuithier, 1972). Le dépassement de cette norme correspond à une mauvaise sélectivité de la séparation gasoilbrut. Le constructeur n'a pas fixé les limites de la distillation.

Après avoir mis en revue les paramètres physiques du combustible, les caractéristiques chimiques seront aussi interprétées dans la prochaine partie.

IV.2 Paramètres chimiques

IV.2.1 La couleur

On distingue que le résultat de couleur obtenu par la SRN est inférieur à la limite fixée à 3 maximale, donc on peut déduire que le gazole satisfait à la norme. Bien que la couleur soit sans incidence directe sur les qualités d'utilisation des gazoles, l'évolution de cette dernière lors de stockage prolongé et le transport peut être nuisible. Et de même à l'intérieur des moteurs, le gazole est soumis à la chaleur (circuit de retour des injecteurs, stationnement au soleil), au contact de l'oxygène et l'humidité de l'air (respiration des réservoirs). Ces situations peuvent conduire à une dégradation du carburant, et cette détérioration s'accompagne souvent par la formation de sédiments et de gommes. Et ces derniers pouvant endommager le système d'injection ou laisser des dépôts dans le moteur. Le gasoil doit donc avoir une composition stable de sa fabrication à son utilisation comme carburant, c'est pourquoi il est préférable d'utiliser des additifs qui permettent d'améliorer la stabilité de la couleur du produit (Lalaoui, 2015).

IV.2.2 Indice de cétane

Dans le moteur diesel, il est nécessaire que le gazole présente une structure chimique favorable à l'auto-inflammation. Cette qualité s'exprime par l'indice de cétane IC. Les spécifications européennes imposent, pour les zones à climat tempéré, un indice de cétane minimal de 49 ; les valeurs observées en station-service se situent le plus souvent entre 49 et 55. L'indice de cétane ne joue pas le même rôle essentiel que l'indice d'octane dans l'optimisation moteur-carburant ; en particulier, il n'exerce pas d'incidence directe sur le rendement du moteur.

Cependant, un indice de cétane élevé contribue à améliorer de nombreuses qualités d'utilisation : démarrage aisé, bruit moins intense, notamment au ralenti à froid, émissions moins élevées de fumées noires. Par ailleurs, l'accroissement d'indice de cétane permet de réduire les rejets de polluants à l'échappement (Guibet, 1997).

Le combustible fournit, a un IC de 49, or la valeur minimale est de 45 selon ASTM D976, il faut dire que cette caractéristique est respectée. Cela nous révèle d'avoir obtenu une bonne qualité d'aptitude qui est directement reliée au délai d'inflammation du carburant dans la chambre de combustion après son injection. Il est donc hautement souhaitable de produire des gazoles qui ont des IC très élevés, et ces derniers favorisent un démarrage aisé.

IV.2.3 Teneur en résidus de carbone

La limite maximale de cette teneur fixée par le constructeur est 2,5% soit 0,025 en masse de résidu carbone, or le LFO dépoté par la SRN a une teneur en résidu de carbone est de 0,045%. Cette valeur largement au-dessus de la norme peut entraîner la formation de dépôt dans la chambre de combustion (cylindre) et dans le système d'échappement, en particulier sous charges faibles. Ces résidus doivent faire l'objet d'un traitement préalable (séparation) avant que le gasoil passe dans le moteur.

IV.2.4 Teneur en soufre

Le soufre dans le carburant peut provoquer de la corrosion à froid et de l'usure corrosive, notamment à faibles charges. Avec le vanadium et/ou le sodium, le soufre contribue aussi à la formation de dépôts dans le système d'échappement, normalement sous la forme de sulfates. Les dépôts peuvent aussi causer de la corrosion à haute température. Le gasoil a une teneur en soufre de 0,0195, or la valeur maximale prévue par Wärtsilä est 2% massique, à cet effet on peut dire qu'il n'y a pas un impact majeur dû à cette spécification.

IV.2.5 Corrosion à la lame de Cuivre

La corrosion à la lame de cuivre est utilisée comme une épreuve pour déterminer l'apparition des composés soufrés (Wuithier, 1972). La lame de cuivre polie est immergée dans un échantillon d'essence super que l'on chauffe à une température de 50°C, pendant 3 heures, puis on la retire, la rince et la sèche avant de la comparer avec les autres lames (Naftal, 2015).

S'agissant du gasoil étudié, l'analyse fournie par la SRN donne une valeur de 1b (Norme ASTM D130), respectant ainsi la limite maximale. Pour cette caractéristique, le constructeur n'a rien prévu. Toutefois, se référant au travail de Lalaoui (2015), on remarque que ce résultat est conforme c'est-à-dire, la présence des composés sulfurés dans ce gasoil n'est pas corrosive. Dans le cas inverse, la présence de soufre combinée organiquement se transforme en anhydride sulfureux qui, en présence de la vapeur d'eau forment un acide sulfurique dilué particulièrement corrosif. Et quand le moteur tourne, ses fumées nocives polluent l'atmosphère ; à l'arrêt, le moteur se refroidit et, par condensation, les produits de combustion piquent la corrosion directe des réservoirs et des conduites d'aspiration (Wuithier, 1972).

IV.2.6 La teneur en eau

L'apparition de l'eau dans le gasoil provient des phénomènes de condensation lors des différentes phases de stockage en présence d'air et réservoir en métal léger, et ces derniers favorisent la formation d'émulsions dans le carburant. Elle est souvent exprimée en % du volume (Gayet, 2005)

La norme internationale ASTM D 95 prescrit une méthode de détermination de l'eau dans les produits pétroliers dont le point d'ébullition est inférieur à 390 °C. Elle couvre des teneurs allant de 0,003 % à 0,1% (ASTM D95, 2013). L'eau est produite dans nos réservoirs essentiellement par la condensation et arrive par l'air des évents ou lors du remplissage des cuves. S'ajoutent encore à ces phénomènes naturels et dans certaines régions une pollution d'un autre ordre, qui entraîne aussi la dégradation du carburant comme la pollution par les boues et les particules diverses (Yatcher, 2014). Wärtsilä a fixé 0,3% de volume d'eau maximale soit 0,003 (Norme ISO 3733). Sachant que la présence de l'eau dans le gasoil peut être fatale pour ces moteurs à savoir :

- une source de développement de micro-organismes qui créeront des boues et obstrueront les filtres ;
- des phénomènes de corrosion peuvent apparaitre prématurément endommageant le système d'injection et les cuves de stockage.

C'est pour ces raisons, que la teneur en eau dans le gasoil est fixée très strictement par la norme. Une teneur faible garantie une meilleure qualité produite (moins de risque de corrosion et de contamination bactérienne), et de plus les cuves de distribution ont un piquage situé audessus du niveau bas et tous les véhicules sont équipés d'un filtre à gasoil faisant office de piège à eau (Barbusse et Plassat, 2005).

IV.2.7 Point éclair

Le point éclair est la température la plus basse à partir de laquelle un produit pétrolier dégage assez de vapeurs pour former un mélange inflammable dans des conditions normalisées (Petit et Poyard, 2004). Il faut noter que Wartsila a fixé le point d'éclaire (PMCC) minimal à 60°C suivant la Norme ISO 2719. Le combustible livré qui fait l'objet de notre analyse possède un point éclaire de 66°C (ASTM D93). Cette valeur obtenue respecte le seuil fixé et caractérise la teneur en produits volatils permettant de connaître jusqu'à quelle température ce LFO pourrait être chauffé sans danger.

IV.2.8 Teneur en cendres

Ce sont les sels et oxydes minéraux qui demeurent à l'état solide après combustion complète du gasoil, parmi eux, on trouve principalement le silicium, le fer, le calcium, le sodium et le vanadium, ce dernier représentant dans certains cas 50% des cendres totales. Les spécifications prévoient des traces de cendres non dosables dans le gasoil pour éviter les dépôts solides sur les parties froides telles que les soupapes et la formation d'un amalgame abrasif avec l'huile de graissage. En outre, la teneur en sédiments doit être nulle (Whuitier, 1972). Le constructeur Wärtsilä a prévu pour ses moteurs selon la norme ISO 6245, la caractéristique de la teneur en cendre une limite maximale de 0,05% en masse.

IV.3 La consommation spécifique

La détermination avec précision des caractéristiques du moteur en fonctionnement n'est pas possible uniquement par le calcul, compte tenu, en particulier des hypothèses simplificatrices utilisées. C'est pourquoi les essais s'ajoutent aux calculs afin de permettre une analyse plus ou moins exacte des données liées à la performance. La norme requise pour ce paramètre est de 210 g/kWh. Les valeurs en moyenne CS_P de G1 et G7 sont respectivement 220,9 g/kWh et 205,7 g/kWh. Il faut relever que la CS_P en moyenne du G1 est assez importante que celles du G7 et G1 évaluées dans un travail antérieur au Tchad par Azinamangsou (2015) où la moyenne CS_P de janvier à Mars 2015 est de 197,66 g/kWh.

Les causes de ce décalage sont nombreuses mais nous pouvons souligner que les pompes et injecteurs envoient trop de combustible dans les chambres de combustion. Une grande quantité de gasoil dans le cylindre ne sera pas totalement consommée (combustion incomplète), ce qui entrainerait une perte pour l'entreprise. Le cas du G7 témoigne que ce moteur est en bon fonctionnement car sa CSp en moyenne est inférieure à 210 g/kWh donnant un rendement meilleur à la centrale. Il est à noter que ce moteur a subi une révision juste au début notre étude.

IV.4 Facteur de charge

Cet indicateur de performance permet d'évaluer l'exploitation du moteur. Un facteur de charge se rapprochant de 100% témoigne une exploitation se rapprochant de la puissance nominale (8777 kWh). Lorsqu'il est en-dessous de 75%, cela veut dire que le moteur tourne à faible charge nominale, dégageant beaucoup de fumée donc moins économique pour la centrale.

Pour une période d'utilisation de 907 heures au premier trimestre de l'année 2020, le moteur G1 a réalisé une charge moyenne de 74,66 %. Cette exploitation n'est pas rentable pour l'entreprise car ce moteur a fourni beaucoup d'effort pour vaincre certaines contraintes (résistance), ce qui corrobore sa consommation élevée de combustible. Cette charge de 74,66% en 2020 est inférieure à 81%, résultat obtenu en 2015 par Azinamangsou. Quant au G7 qui a fonctionné deux mois sur trois, avec une charge moyenne de 80 % pour une période d'activité 1209 heures, ce facteur de charge obtenu reflète une production électrique efficace de ce générateur (G7) et bien évidemment sa faible consommation en gasoil.

IV.5 La Pression maximale

La mesure de la pression maximale qui est un paramètre déterminant l'équilibre du moteur et permet l'étude des états des segments, l'injecteur et des pompes à injection. Cette étude est liée aux données de la température. Lorsque l'écart de pression entre les cylindres opposés est grand, cela engendre une contrainte sur l'arbre manivelle d'où la température des paliers croit. Sous l'effet thermique, les paliers se dilatent et éventuellement une casse du moteur. Le cran crémaillère permet de déceler les températures anormales des chambres de combustion. D'après le tableau 10 qui présente les bancs A et B du moteur G1, on constate que la pression maximale la plus basse est 130,9 bars et celle la plus élevée est 162,9 bars du 5ème cylindre du banc A. Au niveau du banc B, le cylindre 6 présente une P°max élevée de 170,3 bars. On peut simplement dire que les cylindres qui ont des P°max au-dessus de la moyenne témoignent une injection plus rapide du gasoil dans la chambre et entraineraient une combustion incomplète du combustible.

De même, l'analyse des résultats permet de savoir qu'au niveau de G7, le banc A nous donne une P°max élevée de 166,4 bars (cylindre 7) et le banc B montre une P°max élevée de 164,1 bars (cylindre 3). Cela montre les anomalies des pompes et injecteurs de ces différents cylindres du G7 qui ont des pressions maximales au-dessus de la moyenne qui est de 156,47 bars (moyenne de banc A) et 157,54 bars (moyenne de banc B)

IV.6 Optimisation du séparateur

En optimisant le travail fait par Abdelaziz (2015) de façon approfondie, il faut affirmer sans risque de nous tromper que le séparateur de la Centrale électrique de Farcha joue un rôle très important sur le plan qualité, rendement et même l'environnement. Vu les chiffres, le séparateur traite 18 450 L de gasoil pour une quantité de boue de 700 L, ce qui est un avantage pour la SNE. Le rendement TRG de 96% est un signe de satisfaction. Ce rendement est comparativement supérieur à 93,34% (Nematchoua, 2014) qui trouve qu'en une heure 0,55 à 3m^3 de perte de combustible, soit en deux mois (avril-mai) 26,6 % d'eau polluante (boue) déversée. Aussi, en comparant la CS$_P$ du G1 pendant le premier trimestre de notre recherche à la CS$_P$ du G1 obtenue en 2015 par Azinamangsou, nous trouvons que ce même générateur avec le séparateur en marche consomme en moyenne 197,66 g/kWh de gasoil de Janvier à Mars 2015.

Par contre, à l'absence du séparateur, il consomme en moyenne pour les trois premiers mois de 2020 une quantité de 220,9 g/kWh de gasoil.

Les diverses conséquences du non traitement du gasoil sur les moteurs sont :

- Les impuretés passent facilement créant ainsi la déchirure du filtre combustible ou son nettoyage régulier ou son remplacement par des filtres neufs.
- Si l'eau est douce et complètement émulsifiée dans le combustible, la teneur en énergie effective du combustible diminue avec l'augmentation de la teneur en eau, ce qui entraîne une augmentation de la consommation de combustible.
- Si le carburant est encrassé par de l'eau de mer, le chlorure dans le sel peut provoquer de la corrosion du système de traitement de carburant, y compris l'équipement d'injection.
- Les oxydes d'aluminium et de silicium peuvent provoquer une grave usure par abrasion, principalement des pompes d'injection et des injecteurs, mais également des chemises de cylindres et des segments de piston.
- Certaines impuretés peuvent contribuées au Potentiel de Sédiment Total (TSP) qui donne une indication de la stabilité du combustible. Si le TSP est élevé, le risque de formation de sédiments et de boues dans les réservoirs et les systèmes de manipulation du combustible augmente, ainsi que la probabilité de colmatage des filtres. Le TSP peut aussi être utilisé pour le contrôle de la compatibilité de deux combustibles différents : deux combustibles sont mélangés et si le TSP du mélange reste faible, les combustibles mélangés sont compatibles.

DISCUSSION DES RESULTATS

La présente partie a pour objectif d'établir les rapports entre les résultats obtenus et ceux des travaux effectués antérieurement.

Notre travail a pour objectif principal de faire une étude évaluative de l'impact de la qualité du combustible (gasoil) sur le fonctionnement des moteurs W20V32 de la centrale électrique de Farcha au Tchad dans le but d'améliorer la qualité du combustible qui ferrai croître le rendement de l'entreprise. Il en ressort que :

Les pannes récurrentes sont dues aux facteurs qui sont entre autres à l'absence ou l'arrêt du séparateur, le combustible non traité, le gasoil contaminé par l'eau ou les micro-organismes, le non-respect des caractéristiques fixées par le constructeur des moteurs, le non-respect des heures de maintenance et parfois les erreurs humaines.

Le moteur G1 consomme une quantité considérable de LFO **220,90 g/kWh** dû à l'usure avancée des pompes et injecteurs et le non-respect des marges de maintenance tandis que le G7 consomme **205,70 g/kWh** de LFO qui respecte la limite fixée.

En ce qui concerne le niveau d'exploitation maximale des moteurs, le G1 est moins exploité avec **74,66%** tandis que le G7 réalise une charge acceptable de **80 %**. Ces résultats sont meilleurs que ceux d'Azinanmangsou (2015) et d'Abdelaziz (2015) au Tchad. Les résultats obtenus par la caractérisation sont au-dessus de ceux de Lalaoui (2014) en Algérie. De même, le rendement de la séparation 96% est comparativement supérieur à 93,34% (Nematchoua, 2014) au Burkina-Faso.

Les méthodes utilisées montrent leur efficacité qui permet à la centrale électrique de Farcha de produire plus d'énergie avec moins de perte.

CONCLUSION GENERALE ET RECOMMANDATIONS

A l'épilogue de notre travail où l'objectif principal est de faire l'étude évaluative de l'impact de la qualité du combustible (gasoil) sur les moteurs W20V32 de la centrale électrique de Farcha. Il ressort des résultats satisfaisants. *Primo*, le combustible fournit par la raffinerie de N'Djaména à la centrale électrique de Farcha respectent les normes prévues par le constructeur malgré quelques écarts, moins susceptibles aux générateurs étudiés. *Secundo*, la phase évaluative qui est une étape drastique, nous a permis d'avoir les indicateurs de performances suivants : la moyenne (3 mois) de la consommation spécifique pour G1 est de **220,90 g/kWh** et pour G7 **205,70 g/kWh**. Le moteur G1 consomme une quantité considérable de LFO dû à l'usure avancée des pompes et injecteurs et le non-respect les délais d'entretien.

Le facteur de charge est un paramètre renseignant sur le niveau d'exploitation maximale des moteurs. En moyenne : **74,66 %** pour le G1 et **80 %** pour le G7. Cette évaluation permet de comprendre que G1 est moins exploité donnant un faible rendement économique, ses pompes et injecteurs sont défaillants contrairement au G7 qui consomme moins de carburant avec une charge élevée à **80 %** idéalement avantageuse pour l'entreprise.

Grâce à la méthode mathématique de l'écart-type, la pression maximale et le cran crémaillère évalués nous donnent les résultats significatifs : pression maximale moyenne pour G1 banc A **151,8 bars** pour un cran en moyenne de **46,5 mm**, banc B **157,7 bars** et **46,2 mm** ; pression maximale moyenne pour G7 banc A **156,47 bars** pour un cran en moyenne de **38,4 mm**, banc B **157,54 bars** et **39,5 mm**. Les pressions maximales marquées en couleur rouge (au-dessus de la moyenne) injectent plus du combustible dans la chambre et entraineraient une combustion incomplète du combustible.

Après étude, évaluation et bien évidemment l'optimisation du dispositif de séparation fondée sur un travail effectué précédemment, le séparateur utilisé par la centrale traite **18 450 L** de gasoil pour une quantité de boue de **700 L** soit un rendement de **96%**, il convient de dire que ces résultats sont jusqu'ici avantageux pour cette société.

Cependant, sur le plan économique il faut dire que l'entreprise perd en trois (**3**) mois **400 444 044 FCFA** soit **695 215 $** ou encore **608 577 €** d'après les tableaux 15 et 16. Nous voyons clairement qu'en présence du Séparateur, le G1 consomme **832 492 L** de LFO pour un montant de **431 230 856 FCFA**, par contre sans séparateur, ce même moteur consomme

1 650 550 L pour une dépense de **831 674 900 FCFA** (**1 444 880 $** ou **1 263 943 €**). La centrifugation permettra d'éviter cette perte, conserver l'environnement sain et lutter contre la pollution.

De façon globale, la méthodologie déterminative et comparative liée : au traitement du combustible par le séparateur (centrifugation), à la caractérisation du LFO, l'injection du combustible, la détermination de la pression maximale et la combustion dans le cylindre a permis de résoudre le problème posé au début de ce travail. Les conséquences récurrentes de la mauvaise qualité du LFO sur les moteurs sont : l'usure avancée des pompes d'injection et injecteurs, surchauffe des moteurs, baisse de la production, pertes de charges dans le circuit, arrêt brutal des moteurs, colmatages des filtres combustibles, colmatage des pompes et injecteurs, combustion incomplète, etc. (**Annexe 6**).

Au terme de cette étude, **les recommandations** ci-après devraient aider à éviter les impacts de la qualité du combustible sur le fonctionnement des moteurs W20V32 utilisés par la centrale électrique de Farcha :

- respecter la purge installée au niveau du stockage, ;
- demander à la SRN de faire une analyse complète de tous les paramètres qui entrent en jeu dans la qualité du gasoil mis sur le marché ;
- installer au sein de la centrale un laboratoire approprié pour analyser quelques paramètres du LFO avant toute utilisation au cas contraire utiliser les additifs ou le biocide ;
- installer les capteurs d'eau sur la ligne de distribution (sortie cuve journalière) en cas de panne de séparateur afin de résoudre tout problème d'eau dans le LFO ;
- remplacer régulièrement les filtres combustibles, les pompes et injecteurs défectueux ;
- assurer un bon dégraissage des cylindres pour une combustion complète et un rodage minutieux des culasses pour empêcher l'eau d'entrer dans la chambre de combustion ;
- fournir les kits pour la révision des séparateurs qui jouent un rôle important dans le traitement des carburants ;
- veiller au respect strict des heures de maintenance des moteurs.

RÉFÉRENCES BIBLIOGRAPHIQUES

Abdelaziz, B., M., 2015. Optimisation de l'exploitation et de la maintenance des séparateurs à fuel léger : cas de la Centrale thermique de Farcha. *Mémoire de Master Professionnel en Mécanique. Institut National des Sciences et Techniques d'Abéché.* p. 41

Alain, V., 2006. N'Djamena (naguère Fort-Lamy). Histoire d'une capitale africaine, Sépia, SaintMaur-des-Fossés, (ISBN 2842801083). 236 p.

Anil, W., 2011. Analytic Combustion : With Thermodynamics, Chemical Kinetics and Mass Transfer (Google eBook), Cambridge University Press, (ISBN 978-1-107-00286-9 et 1107-00286-9, (lire en ligne).

Arditi, C., 1994. « Tchad : de Fort-Lamy à N'Djamena », *in Pays du Sahel, Autrement*, Paris (France). p. 161-169

ASTM D95., 2013. Méthode d'essai standard pour l'eau dans les produits pétroliers et les matériaux bitumineux par distillation. *ASTM International, 2013.*

ATSDR, 1995. « Toxicological profile for fuel oils », sur atsdr.cdc.gov, Atlanta, Georgia, Agency for Toxic Substances and Disease Registry / (consulté en date de dernière consultation à indiquer après contrôle du lien).

Azinamangsou A, 2015. Analyse de performance des moteurs thermiques Wärtsilä 20V32 : cas de la centrale de farcha. *Mémoire de Master Professionnel en Mécanique. Institut National des Sciences et Techniques d'Abéché.* p.39

Barbusse, S., et Plassat, G., 2005. Les particules de combustion automobile et leurs dispositifs d'élimination". *Agence de l'Environnement et de la Maîtrise de l'Énergie,* p.3031.

Boust, C., et Lebreton, R., 2019. Combustibles et carburants pétroliers. *Aide-Mémoire Technique. Institut National de Recherche et de Sécurité (INRS), 2ème édition (ED989), Paris (France).* p.4

Collins, C., 2007. « Implementing Phytoremediation of Petroleum Hydrocarbons », dans Methods in Biotechnology, Humana Press, (ISBN 1-58829-541-9).

FAO, 2012. Synthèse des études thématiques sur la foresterie urbaine et périurbaine de N'djaména, Tchad. *"Appui à la formulation d'une stratégie nationale et d'un plan d'action de foresterie urbaine et périurbaine à N'Djaména, République du Tchad". Document de travail sur la foresterie urbaine et périurbaine N°7.* Rome.114 p.

Fourmental, W., et Nadalon, L., 2012. Le moteur VCRI de MCE-5 une compression intelligente.

Gayet, T., 2005. Présence d'eau dans les gazoles". *MécaTech produits de maintenance haute performances : lubrifiants spéciaux*, pp. 5- 6.

Guibet, J.-C., 1988. Carburants et combustible liquides. *A 1 730 Techniques de l'ingénieur*, pp. 16- 17.

Guibet, J.-C., , 1997. Caractéristiques des produits pétroliers. *K325 Techniques de l'ingénieur*, pp. 2-7.

Guibet, J.-C., , 2000. Les carburants et la combustion- Composition et caractéristiques des carburants. *BM 2520 Techniques de l'ingénieur*, pp. 3-4.

Ibrahim, 2006. Moteur diesel suralimenté, Bases et calculs. *Rapport Interne Laboratoire de Recherche en Énergie Éolienne (LREE), Université du Québec à Rimouski (Canada).* 30p.

Lalaoui, 2015. Caractérisation physico-chimique des carburants des véhicules cas : essence super et gazole. *Mémoire de Master en Analyse Chimique. Université de Béjaïa (Algérie). p.55*

Manuel d'entreprise NAFTAL, 2015. "Recueil De Normes Algériennes -Produits Carburants ", pp. 1-19

Merabet, A., 2016. Contribution à l'étude des échanges thermiques dans un moteur diesel atmosphérique à taux de compression variable. *Thèse de Doctorat En Sciences en Génie Mécanique, Option : Construction.* Université Mentouri Constantine, Algérie. 22p.

Mohamed, N., Z., 2017. Développement d'un simulateur pour le moteur Diesel en vue d'étudier les performances et le comportement dynamique. *Mémoire de Maîtrise en Science Appliquées. Université du Québec à Rimousk (Canada). pp.13-14*

Nahim, H.M., 2016. Contribution à la modélisation et à la prédiction de défaillances sur les moteurs Diesel marins. *Aix Marseille University, France.*

Nguezoumka, K., V., 2010. L'approvisionnement des ménages en énergie dans la ville de N'Djaména : cas du 3ème arrondissement. *Mémoire de Master recherche en Géographie.* Université de Ngaoundéré (Cameroun). 100p.

Nematchoua, K., M., 2013. Optimisation de l'exploitation des séparateurs à fuel lourd : cas de la centrale thermique d'Oyomabang. *Mémoire Master Génie électrique, Energétique et Energies renouvelables (GEER), option : Energies renouvelables.* Institut International d'Ingénierie de l'Eau et de l'Environnement (2iE), Burkina-Faso. 45p.

Nohra, C., 2009. Diagnostic de défauts sur un moteur diesel. Optimisation et contrôle [math.OC].

Thèse pour l'obtention du grade de Docteur. *Université Paul Cézanne - Aix-Marseille III, France. NNT : 2009AIX30059. Tel-01570301. p.19*

Papa, C., 2003. Etude de l'utilisation du diesel oil dans les moteurs diesel turbocompresseur aux ICS plate-forme DAROU. *Mémoire de fin d'étude pour l'obtention du Diplôme d'Ingénieur de Conception en Electromécanique.* Université Cheik Anta Diop, Sénégal. p.11-12.

Petit, J.-M., Poyard, J.-L., 2004. Les mélanges explosifs : Gaz et vapeurs". Edition 911 *Institut National de Recherche et de Sécurité*, pp. 8-9.

Pirson, P., Bribosia, A., Martin, C., Tadino, A., Elsuwe, R.-V., 2004. Chimie 5e/6e – Manuel : Sciences de base, Éditions De Boeck. pp. 43-44.

Réseau International d'Accès aux Energies durables (RIAED), 2007. *Situation énergétique du Tchad.* p.2.

Robert, 2006. Dictionnaire historique de la langue française, Le Robert, Alain Rey, tome 2 FPr, p. 1566

Vuosikertomus, 2017. Wärtsila (Consulté le 26 juillet 2019)

Wärtsilä Finland Oy, 2011. Manuel d'utilisation de la centrale de Farcha. p.177.

Wulthler, P., 1972. Le pétrole raffinage et génie chimique, Tome 1, Éditions Technip. 38p.

Yachter, 2014. Bacteries dans le gasoil ; causes et traitement. *Mediterraneen Yachter edition,* pp. 2-12.

ANNEXES

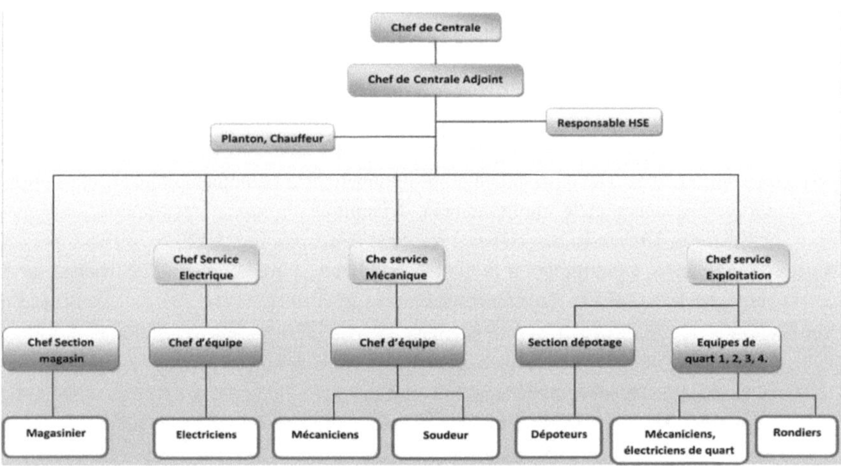

Annexe 1 : Organigramme de la Centrale SNE de Farcha (Source : Direction de Production)

Annexe 3 : La salle machine de la centrale électrique (Photo DJEGUELBE, 28/02/2020)

Annexe 4 : Photo des séparateurs LFO et HFO de la centrale de Farcha

Annexe 5 : Photo de la salle de commande du Service d'Exploitation

Annexe 6 : Photos pompe injection (1), injecteurs (2), filtre à combustible (3) et culasses (4) en maintenance (DEGUELBE 12/03/2020)

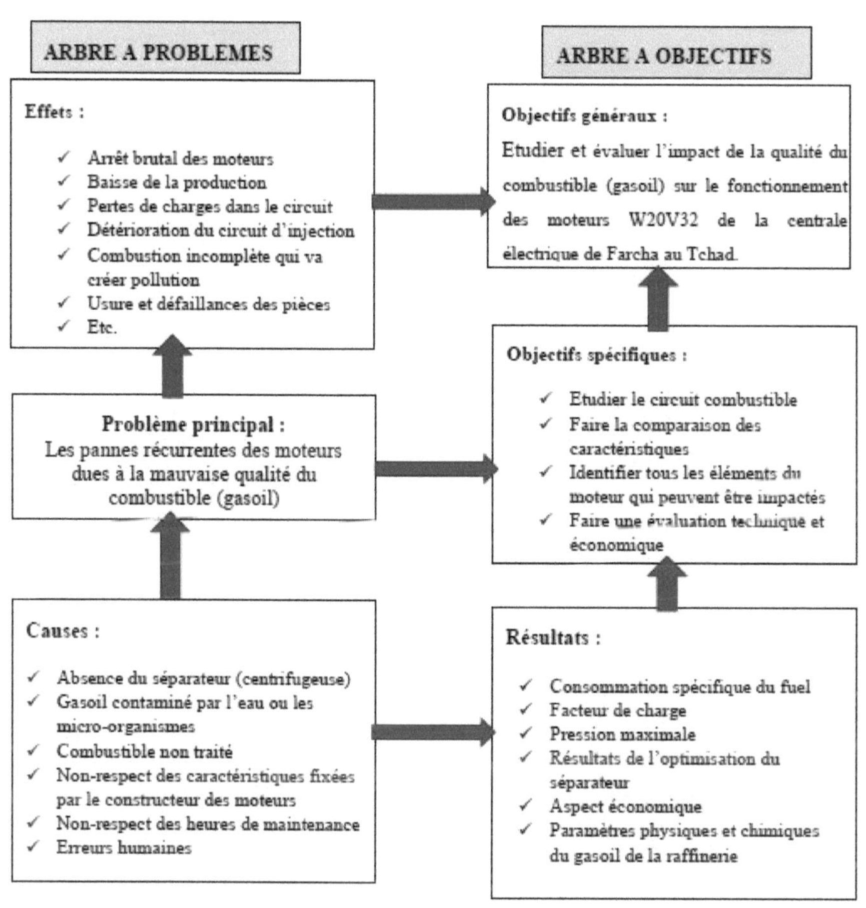

Annexe 7 : Arbre à problèmes et arbre à objectifs élaboré par Djéguelbé Franklin grâce au cours d'Initiation au Métier de Consultant (IMC)

Annexe 8 : Cadre logique du travail élaboré par DJEGUELBE Franklin grâce au cours d'Initiation au Métier de Consultant (IMC)

CADRE LOGIQUE DU MEMOIRE				
	Logique d'intervention	**Indicateurs objectivement vérifiables**	**Moyens/sources de vérification**	**Hypothèses**
Objectifs globaux	**Etudier et évaluer l'impact de la qualité du combustible (gasoil) sur le fonctionnement des moteurs W20V32 de la centrale électrique de Farcha au Tchad.**	- Documentation - Méthodologie déterminative et comparative liée à l'analyse et au traitement du combustible par centrifugation	- Wärtsilä Finland Oy, 2011 - Abdelaziz, 2015 - Azinamangsou 2015 - Guibet J.-C. 1997,1998 et 2000 - Lalaoui 2015	
Objectifs spécifiques	▯ Etudier le circuit combustible ▯ Faire la comparaison des caractéristiques ▯ Identifier tous les éléments du moteur qui peuvent être impactés ▯ Faire une évaluation technique et économique	▯ La centrifugation, modèle ALFA LAVAL ▯ La caractérisation du combustible ▯ L'injection du combustible ▯ Mesure de la pression maximale ▯ La combustion dans le cylindre	▯ Wärtsilä Finland Oy, 2011 ▯ Abdelaziz, 2015 ▯ Azinamangsou A, 2015. ▯ Boust, C., et Lebreton, R., 2019 ▯ Nohra, C., 2009	▯ Le combustible contiendrait-il des impuretés ou de l'eau ? ▯ La marche du séparateur améliorerait-il la qualité du combustible et son rendement ?
Résultats	▯ Consommation spécifique du fuel ▯ Facteur de charge ▯ Pression maximale ▯ Résultats de l'optimisation du séparateur ▯ Aspect économique ▯ Paramètres physiques et chimiques du gasoil de la raffinerie	**Les normes :** ▯ ASTM D95, 2013 ▯ ASTM D445 ▯ ATSDR, 1995 ▯ ASTMD 3279 ▯ ISO 3104, 3733, 3675, 8754 ▯ Manuel d'entreprise NAFTAL, 2015 ▯ Wuithier, P., 1972	▯ Wärtsilä Finland Oy, 2011 ▯ Azinamangsou A, 2015. ▯ Nohra, C., 2009 ▯ Boust, C., et Lebreton, R., 2019 ▯ Yachter, 2014 ▯ Adelaziz, 2015	Ces différents résultats sont-ils fiables et comparables aux autres études dans ce domaine?

Activites	○ Respect de la purge et des heures de maintenance ○ Installation d'un laboratoire ○ Utilisation des additifs ou le biocide ; ○ Installation des capteurs d'eau sur la ligne de distribution ○ Changement régulier des filtres combustibles, les pompes et injecteurs défectueux ;	Moyens techniques, financiers et humains	Coûts à déterminer selon chaque rubrique par ordre d'importance ou de nécessité	Poser des diagnostiques clairs et précis au début de chaque étape

BIOGRAPHIE

Né le 7 juillet 1982 à Bébédjia (Tchad), Franklin DJEGUELBE a fait ses études primaires et secondaires dans la même localité où il est né. Après avoir obtenu le baccalauréat série D en 2003 au Lycée Padre Pio de Bébédjia, il s'envole à N'Djaména où il s'inscrivit à la Faculté des Sciences Exactes et Appliquées (FSEA), filière Physique-Chimie. Il fut l'un des neuf premiers étudiants en Chimie-Appliquée, nouvelle filière du Département de Chimie de ladite faculté en 2004. Nanti d'un Diplôme d'Ingénieur des Travaux (DIT) en Chimie Appliquée après une brillante soutenance d'un mémoire intitulé « Analyse physico-chimique des eaux des puits et forages de la ville N'Djaména » sous la direction de Dr Tchadanay New Mahamat. Employé comme laborantin analyste aux Brasseries du Tchad (BDT) de 2009-2010 et à la Cimenterie de Baoré (Tchad) de 2010-2011. Intégré au Ministère de l'Education Nationale du Tchad comme chargé de cours de chimie au Lycée Moderne de Koundoul, l'ingénieur Franklin DJEGUELBE aimant les recherches, s'envola de nouveau pour le Cameroun en 2017 pour une inscription à l'Université de Dschang où il obtint une Maîtrise en Chimie Inorganique. Il poursuivit son aventure en embrassant le domaine des Sciences de l'Ingénieur option Mines et Pétrole de 2018 à 2020. Cette étape était sanctionnée d'un Diplôme de Master Professionnel en Pétrole suite à la présentation des résultats de ses recherches sur « l'impact de la qualité du combustible (gasoil) sur les moteurs W20V32 de la centrale électrique de Farcha/N'Djaména ». Ce sont travaux de recherches en master professionnel encadrés par le Professeur TEPONNO Remy Bertrand de l'Université de Dschang qui font l'objet de son premier livre publié en ligne par le « GRIN ». Grand lecteur et ambitieux, l'ingénieur Franklin DJEGUELBE parvint parfois à juguler ses passions, les sciences de l'ingénieur et les mathématiques qu'il dispense régulièrement au Lycée Moderne de Koundoul par manque d'enseignants de cette discipline. Il projette approfondir ses connaissances en Pétrole mais aussi saisir toutes les opportunités pour dynamiser une bonne carrière scientifique au service du développement de son pays, le Tchad.